草业
良种良法配套手册
2021

农业农村部畜牧兽医局
全国畜牧总站 ◎ 编

U0246106

中国农业出版社
北 京

编委会

前 言
FOREWORD

　　饲草是草食畜牧业发展的物质基础，饲草产业是现代农业的重要组成部分，是调整优化农业结构的重要着力点。党中央、国务院高度重视饲草产业发展。"十三五"以来，国家相继实施草原生态保护补助奖励、粮改饲、振兴奶业苜蓿发展行动等政策措施，草食畜牧业集约化发展步伐加快，优质饲草需求快速增加。据测算，要达到《国务院办公厅关于促进畜牧业高质量发展的意见》中"牛羊肉自给率保持在85%左右""奶源自给率保持在70%以上"的目标，尚有近5 000万吨的优质饲草缺口。

　　为加快建设现代饲草产业，切实提升优质饲草供给能力，促进草食畜牧业高质量发展，2022年2月，农业农村部印发《"十四五"全国饲草产业发展规划》，明确提出实施4个方面、14项重点任务，努力实现"到2025年，全国优质饲草产量达到9 800万吨，牛羊饲草需求保障率达80%以上"的目标。强化饲草良种良法推广工作，是加快提升优质饲草供给能力和种植效益、确保《规划》目标如期实现的重要抓手之一。因此，我们决定继续编辑出版《草业良种良法配套手册》，推介优良饲草品种及其高产栽培、高效利用关键技术，以期指导示范推广，促进技术配套，提升单产水平，并对饲草育种创新起到参考和引领作用。

本书收录了24个优良饲草品种，涉及豆科、禾本科2个科，苜蓿、胡枝子、黄芪、木兰、决明、银合欢、燕麦、小黑麦、鸭茅、赖草、牛鞭草、仲彬、披碱草、羊茅、高粱等15个属。以品种申报单位提供素材为主要依据，按照品种特点、适宜区域、栽培技术、生产利用和营养成分等内容进行编写，配有照片或插图，以便读者查阅。

本书得到全国草品种审定委员会多位专家的大力支持，在编写过程中，他们提供了大量的指导意见和修改建议，对他们的辛勤劳动表示衷心感谢。由于时间仓促、水平有限，如有差错，敬请读者批评指正。

全国畜牧总站

2023年3月

目　录

CONTENTS

前言

禾 本 科

豆科

WL440HQ紫花苜蓿 //////////////////////////////

WL440HQ紫花苜蓿（*Medicago sativa* L.‘WL440HQ’）是北京正道农业股份有限公司从美国引进的紫花苜蓿品种，2009年，在美国AOSCA（Association of official seed certifying agencies）进行登记，2022年通过全国草品种审定委员会审定，登记号620。该品种经由135个亲本杂交选育而来，育种目标主要是牧草产量高、生产持续性好以及抗多种常见病虫害，如细菌性萎蔫病、镰刀菌枯萎病、黄萎病、炭疽病、疫霉根腐病、茎线虫等，主要用于我国的西南及类似地区优质紫花苜蓿干草和青贮的生产、草场建设及畜牧相关产业。

一、品种介绍

豆科苜蓿属多年生草本植物。直根系，主根发达，根部共生根瘤菌，常结有较多的根瘤；由根颈处生长新芽和分枝，株高80～130cm，茎直立，光滑，粗2～4mm。花98%紫色，2%杂色。具多叶性，叶茎比高，牧草品质好，具有相对较高的饲喂价值。在选育过程中经过耐盐测试，萌发过程中表现出一定的耐盐性。

秋眠级6级种子在5～6℃的温度下就能发芽，最适发芽温度为15～25℃。适应能力强，喜欢温暖、半湿润的气候条件，对土壤要求不严，除太黏重的土壤、极瘠薄的沙土及过酸或过碱的土壤外都能生长，最适宜在土层深厚疏松且富含钙的壤土中生长。不宜种植在强酸、强碱土中，喜欢中性或偏碱性的土壤，以pH7～8为宜，土壤pH为6以下时根瘤不能形成，pH为5以下时会因缺钙不能生长。

二、适宜区域

适宜在我国西南及类似地区进行推广种植，每年可刈割5～6次。

三、栽培技术

（一）选地

适应性较强，对土壤要求不严格，农田、沙地和荒坡地均可栽培；大面积种植时应选择较开阔平整的地块，以便机械或人工作业。进行种子生产要选择光照充足、降水量少、利于花粉传播的地块。

（二）土地整理

种子细小，需要精细整地，播种前清除地面残茬，对土地进行翻耕，深度不低于20cm；初次种植的地块，翻耕深度应不低于30cm。翻耕后对土壤进行耙糖，使地块尽量平整。播前进行镇压，使土壤紧实，以利于后期出苗。在地下水位高或者降水量多的地区要注意做好排水系统，防止后期发生积水，引起植株烂根。

（三）播种技术

1.播种期

播种期可根据当地气候条件和前作收获时间而定，因地制宜。可春播或秋播，春播多在墒情较好的地区进行，但以秋播为宜，时间最迟不晚于11月，否则影响植株越冬。

2.播种方式

播种方式主要有条播、撒播和穴播，一般为条播，便于田间管理。可单播也可混播，单播时行距建议为15～20cm，播量为15.0～22.5kg/hm²。也可和其他豆科及禾本科牧草进行混播，紫花苜蓿生长快，分枝较多，枝叶茂盛，刈割次数多，产量高，和其他禾本科牧草混合播种时，可根据利用目的和利用年限进行品种配比。

种子细小，顶土能力差，播种过深会影响出苗。播种深度根据土壤类型而有所调整，中等和黏质土壤播种深度为0.6～1.2cm，沙质土壤播种深度为1.2～2cm。土壤水分状况好时可适当浅播，土壤干旱时应加大播种深度，一般建议播深为1～2cm，播后及时镇压以利出苗。

3. 杂草防除

控制和消灭杂草是田间管理的关键，苜蓿苗期生长缓慢，需除草2～3次，以免受杂草危害，早春返青及每次刈割后，应适当追肥。

（四）水肥管理

抗旱能力强，但水分充足能促进其生长和发育，高水肥条件有利于获得高产。在年降水量600mm以下地区，灌溉可以明显增产；在潮湿地区，当旱季来临、降水量少时灌溉能保持高产；在半干旱地区，降水量不能满足高产的需要，需酌情补水才能获得高产。在生长季较长的地区，每次刈割后进行灌溉，可获得较大的增产效果，但长期的田间积水会导致植株死亡。

增施肥料和合理施肥是苜蓿高产、稳产、优质的关键，多次刈割苜蓿会不断消耗土壤矿物质元素，甚至还会在肥沃的土壤上造成一种或多种元素的缺乏。紫花苜蓿种植时建议先测量土壤养分，根据土壤养分状况确定合理的肥料比例和用量，一般建议施用450kg/hm²复合肥做底肥，每次刈割后都应追施少量过磷酸钙或磷酸二铵10～20kg/hm²，以促进再生。越冬前施入少量的钾肥和硫肥，以提高越冬率。

（五）病虫防控

常见病害主要有褐斑病和根腐病，在干燥的灌溉区发病严重，发病初期可通过喷施15%粉锈宁1 000倍液或65%代森锰锌400～600倍液进行预防。病害的发生受多种因素影响，种植过程中须制定合理的栽培措施，做到及时预防才能有效减少病害的发生与危害，实现高产、优质和高效生产。

虫害主要有蓟马、叶象甲、蚜虫、元菁等，可提前收割，将卵、幼虫随收割的苜蓿一起带走，也可以通过喷施药剂进行化学防治，要注意施药时间和收割时间的间隔，避免药效残留，对家畜造成危害。

四、生产利用

主要用于干草生产和青贮利用。在有灌溉条件或降水量较多时每年可刈割5～6次，在无灌溉条件的地区，每年可刈割4～5次，一般建议在现蕾至初花期刈割比较合适，或者植株高度达到70cm时开始刈割，否则牧草品质开始下降。留茬高度影响产草量和植株存活情况，一般留茬高度为5～6cm，秋季最后一次刈割应该留茬10～15cm，以促进营养物质特别是糖类在根系中的积累与储存，也有利于基部和根上越冬芽的成熟。一般建议在重霜期来临前40d停止刈割，否则会降低根和根颈中碳水化合物的贮藏量，不利于越冬和翌年返青。在单播紫花苜蓿草地上放牧家畜或用刚刈割的鲜苜蓿饲喂家畜容易使其得臌胀病，避免让空腹的家畜直接进入嫩绿的苜蓿地，或放牧前饲喂一些干草和青贮料，也可以在刈割晾晒后再进行放牧。

WL440HQ紫花苜蓿主要营养成分表（以风干物计）

生育期	粗蛋白（%）	中性洗涤纤维（%）	酸性洗涤纤维（%）	粗灰分（%）	钙（%）	磷（%）	粗脂肪（g/kg）
初花期	21.1	34.7	27.0	11.4	3.01	0.20	15.1

注：数据由农业农村部全国草业产品质量监督检验测试中心提供。

WL440HQ紫花苜蓿群体

WL440HQ紫花苜蓿根

WL440HQ紫花苜蓿叶

WL440HQ紫花苜蓿收割照片

甘农12号紫花苜蓿 //////////////////////////////////

甘农12号紫花苜蓿（*Medicago sativa* L. 'Gannong No. 12'）是甘肃农业大学以速生、优质、高产、抗蓟马性状为育种目标，以西北灌区直立丰产型甘农3号紫花苜蓿、中度秋眠级速生型游客紫花苜蓿和高秋眠级抗蚜兼抗蓟马紫花苜蓿HA-3为亲本，通过杂交选育而成的育成品种，2022年通过全国草品种审定委员会审定，登记号621。

一、品种介绍

豆科苜蓿属多年生草本植物。轴根型根系；株型直立，初花期株高90～110cm；茎具有非常明显的四条侧棱，春秋季植株茎褐色或浅褐色，着生稀疏绒毛，分枝30～50个；羽状复叶，椭圆形；叶色中绿，叶片较大，叶量丰富；总状花序，花冠紫色；荚果螺旋形，多数2～3.5回，每荚种子8～10粒；种子肾形，黄色到浅黄色，千粒重2.32g。

春季返青早，生长快，花期和成熟较早，生育期120～140d，属较早熟品种。在甘肃兰州返青时间较甘农3号紫花苜蓿早6～8d，5月底进入花期，7月下旬进入荚果成熟期，7月底进入种子采收期。饲草田播种当年可刈割2茬，第二年以后每年刈割4茬；正常春季适宜收割期在5月下旬，以后各茬收割期在7月上旬、8月上旬及10月1日左右；进入11月下旬，地表植株逐渐干枯。在甘肃兰州市、宁夏青铜峡市、内蒙古达拉特旗和新疆乌苏市区域试验表明，甘农12号紫花苜蓿均表现出较好的适应性和较高的饲产草量。

在西北干旱、半干旱灌溉区具有广泛的适应性，春季生长速度快，耐刈割能力强，饲草产量高，品质好，兼具较高的抗蓟马性，年干草产量20t/hm²左右，饲草粗蛋白含量20%～22%。

二、适宜区域

适宜我国西北及类似地区种植。

三、栽培技术

（一）选地

中性和微碱性土壤均可种植，但沙质土、地下水位高于2m或排水不良的积水土地不宜种植。大面积种植时应选择较开阔平整的地块，以便均匀生长和高产优质及机械收获作业。种子生产田应选择光照充足的区域，以利于种子发育成熟。

（二）土地整理

精细整地。深翻、耕细耙平，达到土碎土细平整。播前控制杂草。在耕翻、耙细耙平后镇压，以使播种深度一致，保证齐苗全苗。在翻耕前施农家肥、厩肥或复合肥作基肥。如果前茬地为作物病虫多发地或为蔬菜地，可结合施肥，用杀菌杀虫剂拌种或处理土壤。

（三）播种技术

1.种子处理

在初次种植紫花苜蓿的地块，种子播种前要用根瘤菌剂拌种。接种后应及时播种，防止太阳暴晒。在病虫害多发地区，可用杀虫剂拌种防治地下害虫；根据具体病害类型用杀菌剂拌种防治病害。接种了根瘤菌的苜蓿种子不能再进行药剂拌种。

2.播种期

播种期可根据当地气候条件和前作收获期而定，因地制宜。西北地区可春播或秋播，春播时间是4月初至5月中旬前，秋播为7月下旬至8月上旬播种。一般推荐春季播种或适宜播种期雨季播种为好。

3.播种量

灌溉区建植种子田，播种量3.0～4.0kg/hm^2，旱作区或山地播种量可略增。灌溉区饲草田播种量21.0～22.5kg/hm^2。

4.播种方式

条播、撒播或穴播均可。播种深度2～3cm，条播更有利于大面积田间管理和收获晾晒。饲草田条播播种行距15～20cm。

（四）水肥管理

种植时或刈割后建议测土施肥。一般建植前施用复合肥作底肥，其后每年第一茬刈割后应追施磷钾肥，以促进苜蓿再生和提高苜蓿抗病虫性。越冬前施入少量钾肥和硫肥，可提高苜蓿越冬率。

水是保证甘农12号紫花苜蓿高产稳产的关键因素。在西北地区若要获得较高的饲草产量，应适时进行灌溉，以提高干草产量。

（五）病虫杂草防控

病虫害的发生受多种因素影响，种植过程中须制定合理的栽培措施，如水肥管理、及时刈割或提前刈割，做到及时预防才能有效减少病虫害的发生与危害，实现饲草生产的高产、优质。

苗期生长缓慢，可通过人工或使用苜蓿专用除草剂清除杂草。每茬刈割后苜蓿生长较杂草快，可通过及时刈割进行杂草防除。

四、生产利用

甘农12号紫花苜蓿是优质的豆科饲草，具有较高的营养品质，现蕾期至初花期饲草品质相对较好。

在我国西北地区建植的饲草田，建植第一年建议在初花期刈割，第二年及以后年份，第一茬在现蕾期刈割，第二茬及以后各茬次在初花期刈割，如果推迟刈割则会导致品质迅速下降。每年可刈割4次，留茬高度5～6cm。末次刈割应在重霜来临前30d进行。

甘农12号紫花苜蓿主要营养成分表（以风干物计）

生育期	粗蛋白(%)	粗脂肪(%)	粗纤维(%)	中性洗涤纤维(%)	酸性洗涤纤维(%)	粗灰分(%)	钙(%)	磷(%)
初花期	20.5	2.76	36.4	39.4	31.3	7.29	2.76	0.24

注：数据为干旱生境作物学国家重点实验室质量检验测试中心测定结果。

甘农12号紫花苜蓿群体

甘农12号紫花苜蓿单株

甘农12号紫花苜蓿茎

甘农12号紫花苜蓿花

甘农12号紫花苜蓿叶

甘农12号紫花苜蓿根

甘农12号紫花苜蓿荚果

甘农12号紫花苜蓿种子

中天2号紫花苜蓿 /////////////////////////////////

中天2号紫花苜蓿（*Medicago sativa* L. 'Zhongtian No.2'）由中国农业科学院兰州畜牧与兽药研究所以2002年搭载"神舟3号飞船"的紫花苜蓿种子为基础材料选育而成的育成品种，2021年通过全国草品种审定委员会审定，登记号613。该品种特性为优质、丰产。直观表型性状为复叶多叶，以5叶、7叶为主，品种复叶多叶率为54.64%，干草产量平均为19 491kg/hm^2，粗蛋白质含量达21.8%。

一、品种介绍

苜蓿属多年生草本植物。直根系，主根发达，根颈粗大；茎直立，株高90～150cm，分枝12～21个；叶片有三出及三出以上复叶（多数7叶、5叶，偶有其他复叶），叶长13～45mm，宽8～35mm，叶先端多尖锐、钝圆，少凹陷，上1/3处锯齿状明显；花蝶形，深紫色，簇状，排列为总状花序，具小花12～37朵，花瓣5片，花萼5片，雌蕊1枚，雄蕊10枚，9枚成1束，1枚分离；荚果螺旋状，2～4回，每荚含种子5～16粒；种子肾形，少有不规则状，黄褐色，千粒重2.50g。

生育期125～140d。丰产性和再生性好，刈割后生长速度快，在良好的水肥管理条件下增产潜力大，年可刈割3～4次。主要采用种子繁殖，春播当年可以结种，但产量低，第二年进入高产期。喜光照充足的温暖半干燥气候，降水量为250～550mm，北方暖温带及黄土高原半干旱区、半湿润区为最佳生长环境。在荒漠绿洲灌区种植亦有草产量高，尤其种子产量高、质量好的特点。

二、适宜区域

适宜我国温带半干燥气候的黄土高原以及西北、华北等地区种植。

三、栽培技术

（一）选地

尽量选择地势平坦、便于机械操作的土地，该品种属于优质、高产型品种，生产中如果选择在土壤质地好、土层深厚、有机质含量高、能满足灌溉条件的土地种植，产量和品质的优势会更加明显。

（二）整地

播种前深耕土地，深翻20～35cm，深翻后及时平整土地。结合整地施有机肥18 000～30 000kg/hm^{2}或施过磷酸钙150～230kg/hm^2。

（三）播种

北方地区春、秋两季播种，春播一般为4月中下旬。宜条播，也可撒播，播种深度1～2cm。收草田行距12～25cm，播种量18～75kg/hm^2。种子田可稀条播或穴播，稀条播行距80～100cm，播种量4.5～18kg/hm^2，穴播行距80～100cm，穴株距20～30cm，每穴6～10粒种子。

（四）水肥管理

灌溉要充分考虑到雨季的影响，一般生长期的田间持水量控制在65%左右，开花后控制在30%～40%。年降水量350mm以下地区，每年可灌水3～4次，但需根据当年的降雨进行灌溉，通常冬季灌水一次、春季灌水一次、5月孕蕾至开花初期浅灌水一次，夏季气候太干燥降雨少时可再灌水1次。初花期至盛花期，混合喷施硼、锰微肥和磷、钾肥。喷施方法是选择晴朗天气，待露水干后，使用喷雾器喷湿草地全部苜蓿植株叶面。

（五）收获

初花期刈割，最后一次刈割时间为霜降前10～15d。在75%～85%的种子成熟后即可收获，如人工收获可分两次进行，植株下1/3种子成熟后进行第一次收种，其余待大多数成熟后收获。

（六）病虫杂草防控

苗期要及时清除杂草，人工除草或使用化学除草剂。除草剂常用草甘膦、咪草烟等，使用除草剂前应仔细阅读说明书。常见的病害有锈病、褐斑病和根腐病，一般干燥的灌区发病严重，发病时期可以喷施15%的粉锈宁1 000倍液或65%代森锰锌400～600倍液进行预防。虫害主要有蓟马和蚜虫等，该品种在甘肃地区种植，第二茬草的蚜虫和蓟马危害略微严重，可以喷施低毒、低残留的化学药物进行防治。

四、生产利用

该品种属于优质、高产型苜蓿，多叶性状表现明显，营养丰富、适口性好。在高水、高肥、土壤条件好的地块产草量、蛋白质含量均较高。中天2号紫花苜蓿干草产量为19t/hm^{2}左右。播种当年种子产量较低，第二年以后为500kg/hm^{2}左右，种植方式和气候条件对种子产量影响较大，宽行距、穴播条件下产量较高。

中天2号紫花苜蓿群体

中天2号紫花苜蓿单株

中天2号紫花苜蓿根

中天2号紫花苜蓿茎和叶

中天2号紫花苜蓿花

中天2号紫花苜蓿种子

鄂西北美丽胡枝子 ///////////////////////////////

鄂西北美丽胡枝子（*Lespedeza Formosa*（Vog.）Koehne 'Exibei'）是湖北省农业科学院畜牧兽医研究所以湖北省神农架林区松柏镇采集的野生种质资源为原始材料，以返青早、分枝期植株高大且直立紧凑，叶量丰富、分枝多，夏季生长旺盛，无病虫害为选育目标，经人工多次单株选择后混合收种选育而成的野生栽培品种，2021年通过全国草品种审定委员会审定，登记号612。该品种具有显著丰产性和抗逆性。经国家多年多点区域试验表明，鄂西北美丽胡枝子的产草量较对照品种在湖北、江西、湖南、重庆、江苏和安徽各地均表现为显著增产，年干草产量约5 000kg/hm^2，最高可达9 500kg/hm^2。

一、品种介绍

豆科胡枝子属多年生落叶灌木，茎直立，被疏柔毛。播种当年株高达1.5m以上，翌年达2～3m，一级分枝平均10～13个，二级分枝多达450个；羽状三出复叶，叶柄平均长9.0cm，顶叶长5.2～7.0cm，宽2.6～3.6cm，先端急尖，深绿，侧小叶长4.0～6.0cm，宽2.0～3.0cm；总状花序单一腋生，或构成顶生的圆锥花序，总花梗长9～16cm，宽2.0～3.0cm，较叶长，无闭锁花，花冠紫红色，平均长1.5cm，萼片5个，裂片长圆状披针形，裂片长和花萼长之比为0.6左右，属深裂；荚果倒卵形或倒卵状长圆形，表面具网纹且被疏柔毛，有短尖，内含1粒种子；种子肾形，黑褐色，表面光滑，有光泽，千粒重8.07g。

种子耐受最低发芽温度为10℃，适宜发芽温度为25℃，当温度达40℃时发芽率不足40%。耐贫瘠，通常作为南方边坡绿化主要植被；耐高温干旱，在武汉炎热夏季和连续伏旱秋季生长旺盛；耐寒，在西北地区种植可安全越冬；对土壤要求不严，在山地、丘陵和平原均可种植。抗逆性强，生长期几无病虫害发生。在武汉地区，一般3月中下旬种植，种植当年能开花结籽。翌年3月中旬返青，9月中旬现蕾，9月下旬开花，11月中下旬种子成熟，生育期平均231d。

二、适宜区域

适宜在长江中下游湖北、湖南、江西等地区种植，既可在丘陵平原生长，也可在林迹地、撂荒地、坡耕地推广。

三、栽培技术

（一）选地

该品种适应性强，对生产地要求不严，在pH为6～8的土壤均可种植，也可耐短时期积水，但长期种植最好开挖排水沟。如生产种子，要选择土壤肥力相对肥沃、光照充足或向阳坡面，同时利于花粉传播的地块。

（二）土地整理

种子相对较大，出苗相对容易，但精细平整土地更有利于发芽。播前清除种植地残茬和杂草，翻耕土壤20～30cm，同时施腐熟的有机肥45 000～60 000kg/hm²，整平开厢。杂草严重时可在翻耕前喷施除草剂处理。

（三）播种技术

1. 种子处理

新品种当年收获种子在贮藏4个月后发芽率约80%，硬实率为15%左右，因此可直接播种，如适当磨破种皮效果更好。

2. 播种期

在长江流域及以南地区多为春播，3月下旬到4月均可。如用于南方草山草坡改良，播种时间可适当推迟。

3. 播种量

条播时，用种量30.0～37.5kg/hm^2；如撒播，适当增加30%～40%；穴播每穴3～4粒。

4. 播种方式

可采用条播、撒播或穴播，如以饲草利用为目的，条播最好，便于管理，条播行距40～50cm。如用于草山草坡改良，则以撒播为主。如以收种子为目的，穴播最好，行距100cm，株距50～60cm。播种深度3～4cm，覆土2～3cm。播种镇压有利于种子与土壤的紧密接触，避免吊根现象发生。

（四）水肥管理

该品种抗旱性强，整个生长期间无需灌溉。如以饲用为目的，种植利用2～3年后在返青期和进入冬季时增施复合肥450～525kg/hm^2，有利提高饲草产量。

（五）病虫杂草防控

出苗期注意防除杂草，植株封行后几无杂草；即使有，杂草不及美丽胡枝子生长迅速，当植株高度达50cm左右时杂草生长受阻。整个生长期几无病虫害发生。

四、生产利用

植株高度达1m左右即可青饲利用，留茬高度15～20cm。

还可在孕蕾期至开花期刈割与作物秸秆进行混贮，也可直接放牧，但需控制强度。该品种是优质的豆科饲用灌木，据农业农村部全国草业产品质量监督检验测试中心检测，分枝期（以干物质计）粗蛋白含量13.1%，粗脂肪含量2.19%，粗纤维含量31.8%，中性洗涤纤维含量50.9%，酸性洗涤纤维含量36.9%，粗灰分5.3%，钙含量1.9%，磷含量0.2%。

在长江流域开花期经常会遭遇连续降雨或持续干旱，使得大量花朵凋谢或因授粉困难种子干瘪，因此种子产量不高，粗放管理下，平均为150～300kg/hm²。一般在大部分荚果变为黄褐色时收获，太晚成熟种子易脱落。

鄂西北美丽胡枝子主要营养成分表（以风干物计）

生育期	粗蛋白（%）	粗脂肪（g/kg）	粗纤维（%）	中性洗涤纤维（%）	酸性洗涤纤维（%）	粗灰分（%）	钙（%）	磷（%）
分枝期	13.1	21.9	31.8	50.9	36.9	5.3	1.9	0.2

注：数据为农业农村部全国草业产品质量监督检验测试中心测定结果。

鄂西北美丽胡枝子群体

鄂西北美丽胡枝子单株

鄂西北美丽胡枝子根

鄂西北美丽胡枝子茎

鄂西北美丽胡枝子叶

鄂西北美丽胡枝子花

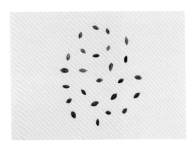

鄂西北美丽胡枝子种子

浙东金花菜 //

　　浙东金花菜（*Medicago polymorpha* L. 'Zhedong'）是扬州大学通过搜集整理长江下游江浙地区的金花菜种质资源，从浙江温州地区地方种质中以叶型大和产草量高为指标，采用改良混合选择法，经多轮单收单种和混收混种筛选培育而成的地方品种，于2022年通过全国草品种审定委员会审定，登记号622。该品种叶片宽大，叶量丰富，再生性强，可多次刈割，具有显著丰产性。多年多点区域试验证明，浙东金花菜较对照品种平均增产15%以上，平均鲜草产量4 800kg/hm²。适宜在我国长江中下游地区露地种植和设施栽培，可作为牧草、绿肥和风味蔬菜利用。

一、品种介绍

　　豆科苜蓿属一年生草本植物。茎斜生或平卧，株高50～80cm，分枝多；三出复叶，大叶型，小叶长与宽各2.0cm左右，叶片心型；花梗短，着生黄色小花2～4朵，蝶形花冠；荚果螺旋形，边缘有毛刺，荚果内含3～6粒种子；种子肾形，黄褐色，千粒重2.8g左右。

　　浙东金花菜为大叶型品种，叶型较大，株型大，小区产草量可达4.8kg/m²。适宜长江中下游地区温暖湿润气候，对土壤要求不严，喜排水良好、土质肥沃的黏壤土和壤土，土壤适宜pH为5.5～7.5。种子耐受最低发芽温度为5℃，适宜发芽温度15～20℃。前期生长慢，后期生长快，耐刈割。冬季生长良好，抗冻性较差，−5℃以下低温有叶片冻害，但不影响春季生长。耐寒性、抗旱性、抗病虫害能力强。在扬州地区从种子萌发到成熟需210～240d。在淮河以南长江流域适于9月至11月秋季播种，设施栽培可以实现冬季多次刈割利用。秋季播种的浙东金花菜至10月底可以进行第1次刈割，之后30d左右可以刈割利用一茬，冬季天气寒冷时生长缓慢，翌年5月份开花结籽。

二、适宜区域

适宜在南方冬季温暖潮湿的地区种植，也可设施栽培冬季多次刈割利用。

三、栽培技术

（一）选地

该品种适应性较强，对土地要求不严，农田和荒坡地均可栽培。大面积种植时应选择较开阔平整的地块，以便机械作业。进行种子生产的土地要选择光照充足、利于排水的地块。

（二）土地整理

整地务必精细，要做到深耕细耙，上松下实，以利出苗。有灌溉条件的地方，播前应先灌水以保证出苗整齐。无灌溉条件的地区，整地后应镇压保墒。长江中下游地区注意排水，应挖好排水沟，深度以50～60cm为宜，宽30～40cm。

（三）播种技术

1.种子处理

种子常带荚播种，硬实率较高，一般达30%。脱荚种子可适当减少种子播量。发芽率在85%以上的当年新种，用55～60℃温水浸泡约5h，然后用稀河泥浸泡1～2d，稍滤一下，再用草木灰及适量磷肥拌和，搓揉成颗粒待播。

2.播种期

金花菜可多季栽培，春、夏、秋播均可。在南方温带、亚热带地区常以秋播为主，时间在9月下旬至10月上旬。在南方高山冷凉地区，以春季4—5月份播种为宜。

3.播种量

适宜播种量根据利用目的不同而定。作为绿肥使用，一般条播，每亩用种20～30kg（毛籽），撒播每亩用种25～35kg（毛籽）。

4.播种方式

可采用条播或撒播，生产中以条播为主。条播时，以割草为主要利用目的时，行距15～20cm，以收种子为目的时，行距为40～50cm，覆土厚度以0.5～1.0cm为宜。人工撒播时可用小型手摇播种机播种，或直接用手撒播。播后可轻耙地面或进行镇压以代替覆土措施，使种子与土壤紧密接触。

（四）水肥管理

播种时，施足基肥，一般以有机肥为主。有机肥具有培肥地力的功效，一般每亩使用商品有机肥35～50kg。基肥可采用全层深施，肥料用量比较少时，也可采用沟施与穴施的方法。

在幼苗3～4片真叶时要根据苗情及时追施苗肥，使用尿素或复合肥，用量75kg/hm^2，可撒施、沟施或叶面喷施。播后土壤持水量在60%以上，一般5～7d可以出苗。生长期应保持适宜墒情。如遇干旱，要勤浇水；如遇阴雨，要及时排水，避免田间积水。以割草为目的草地，每次刈割后追施肥料，以过磷酸钙为主，施量为150～300kg/hm^2。

生长过程中如有杂草，可采用人工除草的方法。金花菜病虫主要有蚜虫、小球菌核病，如有病虫，可用高效、低毒、低残留的生物农药防治。在霜冻来临前，用薄膜覆盖或搭小拱棚防冻保苗。

（五）病虫杂草防控

金花菜病虫害较少，土壤过干易发生炭疽病，土壤过湿，多见绵腐病和菌核病。绵腐病和菌核病多在冬春雨后潮湿时发生，可侵染幼株和成株，菌核病可用1：50的青矾水浇灌或喷洒50%多菌灵可湿性粉剂1 000倍溶液。冬春季节可用波尔多液、石硫合剂喷洒防治。

虫害主要有根瘤象甲、蚜虫、叶蝉等，可用低毒、低残留药剂进行喷洒；地下害虫蛴螬对根具有危害，可用饵料进行诱杀。

金花菜苗期生长缓慢，要及时清除杂草。

四、生产利用

浙东金花菜是优质的豆科牧草，早期可多次刈割利用，青饲或青贮利用。在南方多雨地区，主要作为鲜草利用。

浙东金花菜主要营养成分表（以风干物计）

生育期	粗蛋白（%）	粗脂肪（g/kg）	粗纤维（%）	中性洗涤纤维（%）	酸性洗涤纤维（%）	粗灰分（%）	钙（%）	磷（%）
分枝期[a]	30.5	/	/	21.1	17.3	/	/	/
初花期[b]	22.2	/	/	25.8	21.9	/	/	/
盛花期[b]	19.6	/	/	21.8	22.4	/	/	/

注：a为农业农村部全国草业产品质量监督检验测试中心测定结果；

b为扬州大学动物科学与技术学院测试中心测定结果。

浙东金花菜群体

浙东金花菜根

浙东金花菜茎

浙东金花菜叶

浙东金花菜花

浙东金花菜果实荚

浙东金花菜果实

鲁饲2号大豆×野大豆杂交种 //////////////

鲁饲2号大豆×野大豆杂交种（*Glycine max* (L.) Merr. × *G. soja* Siebold & Zucc. 'Lusi No.2'）是山东省畜牧总站以栽培品种豆交38大豆为母本、野大豆为父本，采用人工授粉技术，经对杂交后代进行单株选择、株系鉴定等方法选育而成的育成品种。2021年通过全国草品种审定委员会审定，登记号617。该品种适应性强，叶量丰富，丰产性强，2019—2020年在多年多点区域试验中，平均干草产量为5 586kg/hm²，较对照S001和S002饲用大豆增产30%和69%，最高产量达10 951kg/hm²。

一、品种介绍

豆科大豆属一年生草本植物，直根系，侧根发达，入土深40cm左右，根部着生大量根瘤；株型直立舒展，株高75cm左右；茎粗8mm左右，主茎分枝从茎基部开始，有5～10个，多达17个，无卷须；羽状三小叶，卵圆形，叶色深绿，茎着生绒毛；短总状花序，腋生，紫色；荚果，圆或扁平，少量短毛，成熟后轻微炸荚；种子卵圆形，呈浅棕色至深棕色，种脐白色，百粒重7.64g。

喜温暖湿润气候，阳光充足条件下生长最佳。种子在10℃即可发芽，20～25℃为发芽最适温度，25～35℃为生长最适宜，全生育期需≥10℃积温2 000～2 900℃。需水较多，发芽期需要田间持水量75%～80%，华北及中原地区夏季高温高湿条件下生长良好。对土壤要求不严，土层深厚、养分含量中等以上的壤土或沙壤土中生长最好，在中轻度盐碱地亦能生长，但酸性土壤不利于根瘤发育。具有较强的抗病虫害能力。生育期130d左右，长江中下游北部温暖湿润气候地区生育期稍短，为110d左右。

适宜与小麦、燕麦等春季作物轮作，华北及中原地区6月中旬播种，至9月中旬可至盛花期，收获地上部分用于晒制干草或与玉米秸秆混合调制成青贮饲料，10月上旬种子成熟，可收获籽实。长江中下游北部温暖湿润地区4—7月播种，约80d后达到盛花期，可刈割饲用，或等籽粒成熟收获种子。

二、适宜区域

适宜在我国华北、中原及长江中下游北部温暖湿润气候地区种植。

三、栽培技术

（一）地块整理

由于根系较深，幼苗顶土能力弱，地块需要深耕耙平，土壤要求疏松平整。耕深30～35cm，并结合翻耕施足基肥，可用有机肥30 000kg/hm^2，或施用复合肥300kg/hm^2。小麦轮作地块可在夏收后根据土壤疏松情况进行免耕播种。

（二）适时播种

当地表温度稳定在10℃以上时即可播种。华北、中原轮作区夏收后播种；长江中下游北部温暖湿润地区，根据前茬作物生长情况，4—7月均可播种。播种方式为条播或穴播，条播行距40～50cm，播深3～5cm，播种量30～60kg/hm^2；穴播行株距均为30～40cm，播深3～5cm，播种量22.5～

30kg/hm^2，播后覆土镇压。

（三）中耕除草

苗期生长慢，齐苗后要及时关注杂草生长情况，尤其是雨后杂草滋生快，须结合中耕进行杂草防除，或喷施安全有效的除草剂。

（四）灌溉与追肥

分枝后期至结荚期需水多。生产中要及时观察地块墒情，尤其是分枝后期、现蕾期、初花期与结荚期，当观察到田间持水量低于60%时，要及时灌溉。土壤肥力较好或基肥充足的地块不需要追肥，如地块肥力低下，植株生长缓慢，可于分枝至开花期结合中耕除草追肥1次，施过磷酸钙300kg/hm^{2}和少量尿素。

（五）病虫害防治

有较强的抗病虫害能力，生长期内一般不用进行病虫害防治。

四、生产利用

鲁饲2号大豆×野大豆杂交种根部着生大量根瘤，培肥地力效果好，适于倒茬轮作。作为饲草生产时，生长期较短，且在高温高湿条件下能良好生长，可作为华北及中原地区夏季短期饲草生产的首选品种。盛花期至结荚期收获地上部，可用于晒制干草，或与玉米秸秆等混合调制成优质青贮饲料。

鲁饲2号大豆×野大豆杂交种盛花期主要营养成分表（以风干物计）

品种	水分（%）	粗蛋白（%）	粗脂肪（g/kg）	粗纤维（%）	中性洗涤纤维（%）	酸性洗涤纤维（%）	粗灰分（%）	钙（%）	磷（%）
鲁饲2号	8.2	15.7	23.2	26.1	44.7	28.8	7.4	1.3	0.3

注：数据由农业农村部全国草业产品质量监督检验测试中心提供。

鲁饲2号大豆 × 野大豆杂交种群体

鲁饲2号大豆 × 野大豆杂交种单株

鲁饲2号大豆 × 野大豆杂交种花

鲁饲2号大豆 × 野大豆杂交种豆荚

鲁饲2号大豆 × 野大豆杂交种种子

鲁饲3号野大豆×大豆杂交种 ///////////////

鲁饲3号野大豆×大豆杂交种（*Glycine soja* Siebold & Zucc.× *G. max* (L.) Merr.'Lusi No.3'）是山东省畜牧总站以野大豆为母本、栽培品种豆交38大豆为父本，采用人工授粉技术，经对杂交后代进行单株选择、株系鉴定等方法选育而成的育成品种。2022年通过全国草品种审定委员会审定，登记号625。该品种适应性强，叶量丰富，丰产性强，2020—2021年在多年多点区域试验中，平均干草产量为5 996kg/hm²，较对照品种松嫩秣食豆和牡丹江秣食豆增产26.52%和36.33%，最高产量达到9 169kg/hm²。

一、品种介绍

豆科大豆属一年生草本植物，直根系，侧根发达，入土深40cm左右，根部着生大量根瘤；株型半直立，高度80cm左右；茎粗7mm左右，主茎分枝从茎基部开始，为5～15个，现蕾期枝条中部开始匍匐生长；羽状三出复叶，卵圆形或披针形，叶色黄绿到深绿，茎无绒毛，短总状花序，腋生，紫色；荚果，圆或扁平，少量短毛，成熟后轻微炸荚；种子卵圆形，呈黄色，种脐棕褐色，百粒重6.83g。

喜温暖湿润气候，阳光充足条件下生长最佳。种子在10℃即可发芽，20～25℃为发芽最适温度，25～35℃为生长最适温度，全生育期需≥10℃积温2 000～2 900℃。需水较多，发芽期需要田间持水量75%～80%，华北及中原地区夏季高温高湿条件下生长良好。对土壤要求不严，土层深厚、养分含量中等以上的壤土或沙壤土中生长最好，在中轻度盐碱地亦能生长，但酸性土壤不利于根瘤发育。具有较强的抗病虫害能力。生育期为140d左右，长江中下游北部温暖湿润气候地区生育期稍短，为115d左右。

适宜与小麦、燕麦等春季作物轮作，华北及中原地区6月中旬播种，至9月下旬可至盛花期，收获地上部分用于晒制干草或与玉米秸秆混合调制成青贮饲料，10月中旬种子成熟，可收获籽实。长江中下游北部温暖湿润地区4—7月播种，约90d后达到盛花期，可刈割饲用，或等籽粒成熟收获种子。

二、适宜区域

适宜在我国华北、中原及长江中下游北部气候温暖湿润的地区种植。

三、栽培技术

（一）地块整理

由于根系较深，地块需要深耕耙平，土壤要求疏松平整。耕深30～35cm，并结合翻耕施足基肥，每公顷可用有机肥30t，或施用复合肥300kg。小麦轮作地块可在夏收后根据土壤疏松情况进行免耕播种。

（二）适时播种

地表温度稳定在10℃以上即可播种。华北、中原轮作区夏收后播种；长江中下游北部温暖湿润地区，根据前茬作物生长情况，4—7月均可播种。播种方式为条播或穴播，条播行距40～50cm，播深3～5cm，播种量30～60kg/hm^2；穴播行株距均为30～40cm，播深3～5cm，播种量22.5～

$30kg/hm^2$，播后覆土镇压。

（三）中耕除草

苗期生长慢，齐苗后要及时关注杂草生长情况，尤其是雨后杂草滋生快，须结合中耕进行杂草防除，或喷施安全有效的除草剂。

（四）灌溉与追肥

分枝后期至结荚期需水多。生产中要及时观察地块墒情，尤其是分枝后期、现蕾期、初花期与结荚期，当观察到田间持水量低于60%时，要及时灌溉。土壤肥力较好或基肥充足的地块不需要追肥，如地块肥力低下，植株生长缓慢，可于分枝至开花期结合中耕除草追肥1次，施过磷酸钙$300kg/hm^2$和少量尿素。

（五）病虫害防治

有较强的抗病虫害能力，生长期内一般不用进行病虫害防治。

四、生产利用

鲁饲3号野大豆×大豆杂交种根部着生大量根瘤，培肥地力效果好，适于倒茬轮作。同时，由于其在黄淮海地区雨热同期的夏季生长良好且品质优良，非常适合以单播或混播的方式开展短季型饲草生产。盛花期至结荚期收获地上部，可用于晒制干草，或与玉米秸秆等混合调制成优质青贮饲料。饲草品质优良，经检测，盛花期刈割，风干物质中粗蛋白含量20%以上，中性洗涤纤维含量低于45%，酸性洗涤纤维含量低于35%。

鲁饲3号野大豆 × 大豆杂交种群体　　鲁饲3号野大豆 × 大豆杂交种单株

鲁饲3号野大豆 × 大豆杂交种叶片　　鲁饲3号野大豆 × 大豆杂交种花

鲁饲3号野大豆 × 大豆杂交种豆荚　　鲁饲3号野大豆 × 大豆杂交种种子

兰箭 3 号箭筈豌豆 ///////////////////////////////////

兰箭 3 号箭筈豌豆（*Vicia sativa* L.'Lanjian No.3'）是兰州大学以 1997 年从国际干旱农业研究中心引进品种作为亲本材料，采用单株选择和混合选择的方法选育而成的育成品种，2011 年通过全国草品种审定委员会审定，登记号 441。该品种特点是生育期短、种子产量高，平均为 1 499kg/hm²，比其他品种增产 80%，干草产量相近。

一、品种介绍

豆科野豌豆属一年生草本，主根发达，深 40 ~ 60cm，苗期侧根 20 ~ 35 条，根灰白色，着生根瘤；株高 60 ~ 100cm；茎圆柱形、中空，基部紫色；羽状对生复叶，小叶 5 ~ 6 对，条形，先端截形，盛花期叶长宽比约为 4：1，叶轴顶部有分枝的卷须；蝶形花，紫红色；荚果条形，内含种子 3 ~ 5 粒；种子近扁圆形，灰褐色带黑色斑，千粒重 73.5g。

在海拔 3 000m 的高山草原，5 月底出苗，7 月中下旬达盛花期，9 月上旬成熟。平均生育期为 97d，比已有的品种生育期至少短 15d。

二、适宜区域

适宜种植范围覆盖青藏高原海拔 4 000m 及以下地区。

三、栽培技术

（一）选地

选择种植地块时，要避免前作喷施了灭生性除草剂或防除阔叶杂草除草剂的地块。

（二）土地整理

播前耕翻，深度不少于20cm，耕后耙平、镇压，提倡秋末耕翻，以利保墒及翌年出苗。

（三）播种技术

1. 种子处理

种子纯净度不低于95%，发芽率不低于90%。播前进行根瘤菌拌种，拌种过程应避免阳光直接照射，拌种后应马上播种。

2. 播种期

根据自然条件、耕作水平，选择适宜的播种期。5月上旬播种，干草产量较4月中旬或5月中旬播种提高30%以上。

3. 播种量

根据不同自然条件和耕作水平确定播种量。收种田播种量为97.5kg/hm^2；收草田单播适宜播种量为120～150kg/hm^2，与燕麦混播，播量是单播的40%～50%。

4. 播种方式

条播或撒播，条播行距15～20cm。混播时，如果是大规模机械作业，可采用箭筈豌豆和燕麦隔行播种的方式进行；小规模人工播种时，可在同一地块，分别撒播箭筈豌豆和燕麦，但要注意撒播均匀，播后耙或轻耱覆土。

（四）水肥管理

有条件的地方，播前灌水以利保墒出苗。分枝至现蕾期灌溉 1 ～ 2 次。施肥因前作耕地的营养状况而异，对于前作是燕麦、青稞等或是新开垦的弃耕地，播前再次整地时，施农家肥或磷酸二铵（N18%、P_2O_5 46%）75kg/hm^2。

（五）病虫杂草防控

未发现有病虫害，不需防控。出苗后30d除草1次，有利幼苗生长发育。

四、生产利用

盛花期刈割，单位面积的蛋白质收获量最大。头茬草刈割时留茬高度以5 ～ 10cm为宜，可促进再生草的生长。刈割的鲜草应及时晾晒、翻动，防止雨淋、发霉，枝叶含水量降到23%左右时打捆，就地田间排列存放或运回晒场翻晒，晒至含水量保持在17%以下，有条件时可机械打捆。青贮场所应保持干燥、通风、避免雨淋，并每月检查一次，防止霉变、虫鼠危害等。盛花期粗蛋白质含量21.8%、粗脂肪1.2%、粗纤维18.7%、中性洗涤纤维34.7%、酸性洗涤纤维24.9%、粗灰分10.4%、钙2.20%、磷0.28%。

兰箭3号箭筈豌豆群体

兰箭3号箭筈豌豆单株

兰箭3号箭筈豌豆根

兰箭3号箭筈豌豆茎

兰箭3号箭筈豌豆叶

兰箭3号箭筈豌豆花

兰箭3号箭筈豌豆豆荚

兰箭3号箭筈豌豆种子

蒙中箭筈豌豆 //

　　蒙中箭筈豌豆（*Vicia sativa* L. 'Mengzhong'）是内蒙古自治区农牧业科学院草原研究所以内蒙古清水河县地方栽培的春箭筈豌豆为原始材料，通过"三圃法"进行提纯复壮，增加资源活力，经过多代系统选育而成的优质高产春箭筈豌豆地方品种。2022年通过全国草品种审定委员会审定，登记号623。该品种具有耐寒、抗旱、耐贫瘠和较好的丰产性。多年多点生产试验证明，蒙中箭筈豌豆鲜草产量在30t/hm² 左右，干草产量在4t/hm² 左右，种子产量在1 125～1 595kg/hm²。

一、品种介绍

　　豆科野豌豆属一年生草本植物。株高90～100cm，分枝多，半攀藤状；偶数羽状复叶，顶端具卷须，小叶4～8对，叶片为倒卵形，先端凹入；花1～3朵生在腋间，花梗极短，紫蓝色蝶形花，自花授粉；荚果细长，成熟时黄褐色，含种子5～8粒；种子扁圆形，黄白色，千粒重70.50g。第一次刈割的干草中粗脂肪20.0%、粗蛋白20.7%、粗纤维25.50%、粗灰分0.98%、钙0.37%、酸性洗涤纤维31.6%、中性洗涤纤维43.9%。

　　蒙中箭筈豌豆适宜在气候干燥、温凉、排水良好的沙质壤土上种植，耐贫瘠土壤，可以在pH6.5～8.5土壤中生长良好。该品种抗旱耐寒性强，可以在无水源的丘陵地区进行旱作，待下雨后，即可出苗生长，土地十分干旱时植株生长暂时停滞，待浇灌或者降雨后，又可继续迅速生长；3～5℃开始发芽，幼苗可以短期忍耐−5℃的倒春寒。

在华北和西北地区4月中下旬即可进行播种，物候期80d左右。

二、适宜区域

适宜在内蒙古中东部、甘肃、新疆等地的低山丘陵区种植。

三、栽培技术

（一）选地

该品种对土壤要求不严格，耐瘠薄，除在浇灌排水便利的农田外，在生荒地、低山丘陵地区都可正常生长；大面积种植时应选择较开阔平整的地块，方便机械采收。

（二）土地整理

该品种种植对前茬作物要求不严，春播时，播种前深翻20～25cm；夏播时，在前茬作物收割后立即浅耕15～20cm，耙糖、整平地面。耐贫瘠，有施肥条件的地块，可以每亩[*]施农家肥1～3t，同时施入少量的磷肥和钾肥。

（三）播种技术

1.种子处理

选用近两年采收的种子进行播种，为了出苗整齐苗壮，需要选用籽粒饱满、无病虫害，纯净度、发芽率高的种子，在病虫多发地块，可用辛硫磷等杀虫剂进行拌种。

---

* 亩为非法定计量单位，1亩=1/15公顷。——编者注

2.播种期

在华北和西北地区，四月中下旬即可进行春播，在不具备灌溉条件的干旱地区，可以根据雨期适时播种；夏播复种，应在夏收作物后1～3d内尽早进行，可以获得更高的牧草产量。

3.播种量

根据利用目的而定，用作饲草时，单播播量60～75kg/hm^2，收种子时播量45～60kg/hm^2；撒播播量在单播播量基础上提高5%～15%。

4.播种方式

可采用条播或撒播，多条播。作饲草时，行距20～30cm；收种子时，行距40～50cm。播深3～4cm，如土壤墒情差，可播深些，播后及时镇压。也可与直立型作物如燕麦、莜麦、胡麻等进行混播，其他作物播量参考当地播种量，箭筈豌豆与其他作物的混播比例应为（1～3）∶1。

（四）水肥管理

在无灌溉条件的丘陵地区，视雨季情况播种，保证出苗。有灌溉条件地块，在分枝期和盛花期进行灌水和追肥，可显著提高产草量。刈割后不宜立即浇水，侧芽萌生后再适度灌水。该品种不耐涝，在雨量充沛的地区，要及时排水，切忌渍水，地下水位较低地块注意开沟排涝。

（五）病虫杂草防控

播后苗前可除草一次，苗期生长缓慢，在杂草3叶期至5叶期时除草1次，杂草率可控制在5%以内。小面积播种地块可以利用人工拔除，种植面积较大且杂草多的地块选用安全高效、低毒低残留的除草剂防治。

该品种抗逆性强，旱作或排水良好地块一般少有病虫害发生。在连年种植、排水不佳的地块，常有白粉病、霜霉病、根腐病及锈病等发生，可通过轮作、及时开沟排水、适当增施磷钾肥以及微肥等方式创造适宜生长环境，提高抗病性。虫害主要是蚜虫，可用针对防治蚜虫的农药或生物（如利用蚜虫天敌）防治。

四、生产利用

蒙中箭筈豌豆是优质的豆科牧草，作为青饲牧草利用时，一般在开花期进行人工或机械刈割，留茬高度以5～6cm为宜；调制干草利用时，一般在盛花期和结荚期进行刈割；种子亦是优质饲料和食品，当70%豆荚变成黄褐色时即可收获。

该品种可与禾本科牧草混播进行牧草利用，收获时期为禾本科牧草孕穗期或乳熟初期进行收割，但要注意天气情况，避免因大雨和连阴天气发生霉烂。还可与胡麻混播用于收获籽粒，待新品种60%以上的豆荚变成黄褐色或胡麻下部叶片变黄，50%～60%蒴果发黄时，即可利用人工或者机械混合收获，利用两者种子大小不同过筛，分别获得籽粒后再进行下一步加工利用。

蒙中箭筈豌豆群体

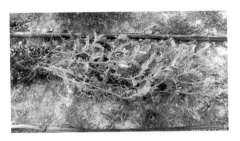

蒙中箭筈豌豆单株

蒙中箭筈豌豆根

蒙中箭筈豌豆花

蒙中箭筈豌豆荚果

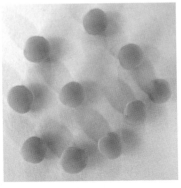

蒙中箭筈豌豆种子

甘青歪头菜 ///

甘青歪头菜（*Vicia unijuga* A. Br. 'Ganqing'）是兰州大学以甘肃省甘南藏族自治州采集的野生歪头菜为原始材料，通过多年栽培驯化而成的野生栽培品种。2021年通过全国草品种审定委员会审定，登记号611。该品种抗寒性和适应性强，能在青藏高原地区进行种子生产，年产种子约600kg/hm²，干草产量5 000kg/hm²左右。

一、品种介绍

豆科野豌豆属多年生草本。根系多分布在40cm左右的土层；茎基分枝，直立或斜生，无毛，具四棱，株高40～55cm；复叶，由两片小叶组成，卵状披针或近菱形，长3.8～5.6cm，宽2～2.8cm；总状无限花序，15～25朵花，具长柄，腋生或顶生，花冠淡紫红色或紫色；荚果扁，长圆形，长2～3.5cm，宽0.5～0.7cm，无毛，棕黄色，近革质；种子扁圆球形，每荚1～5粒，直径0.2～0.3cm，种皮黑褐色；千粒重9.3g左右。

在青藏高原地区，甘青歪头菜适合在4月中旬播种，播后约20d出苗，40d左右开始分枝，播种当年生长缓慢，株高仅15cm左右，处营养生长期。播种第二年4月中下旬返青，第三和第四年植株均为4月上旬返青，6月下旬现蕾，6月底至7月初开花，7月中下旬为盛花期，8月底至9月初种子成熟。生育天数123～136d，平均为130d。

二、适宜区域

作为牧草栽培或天然草地补播品种，适宜整个青藏高原地区；种子生产可在海拔3 000m以下地区进行。

三、栽培技术

（一）选地

该品种适应性较强，对地块要求不严，但在选择种植地块时，要避免选择前作喷施了灭生性除草剂或防除阔叶杂草除草剂的地块。

（二）土地整理

播前需耕翻土地，耕深不少于20cm，耕后耙平、镇压，以利保墒，有条件的地区，提倡秋末耕翻，并施基肥，整地保墒，以利翌年出苗。

（三）播种技术

1.种子处理

播前种子需用98%硫酸浸种25min，以破除硬实。

2.播种期

适合于4月上中旬播种。

3.播种量

根据播种方式和利用目的而定。收草田为38～40kg/hm^2，收种田为20～22kg/hm^2。

4.播种方式

可条播或撒播，条播利于田间管理。收草田行距20～30cm，收种田行距为40～50cm，播深3～4cm。

（四）水肥管理

有条件的地方，播种前灌水以利保墒出苗。分枝至现蕾期可灌溉1～2次。

（五）病虫杂草防控

多年种植未发现病虫害，不需防控。对鼢鼠可人工进行捕捉或用饵料诱杀。播种当年生长缓慢，需及时防除杂草。

四、生产利用

收草田，宜在盛花期刈割。收种田，在8月底至9月初，当群体中2/3的荚果变为黄褐色时及时收获；收获种子后的干草还可饲用。

甘青歪头菜群体

甘青歪头菜单株

甘青歪头菜根

甘青歪头菜叶片

甘青歪头菜花

甘青歪头菜荚果

甘青歪头菜种子

闽南穗序木蓝 //

　　闽南穗序木蓝（*Indigofera spicata* Forsk. 'Minnan'）是福建省农业科学院农业生态研究所和福建省农业科学院土壤肥料研究所以野生穗序木蓝为原始材料，采用自然选择和人工选择相结合的方法，经过混合收种、单株选择、株系鉴定等手段选育而成的野生栽培品种，2022年通过全国草品种审定委员会审定，登记号626。该品种具有显著的丰产性。多年多点比较试验表明，闽南穗序木蓝较对照品种圆叶决明平均增产65%以上，平均干草产量13 400kg/hm²，最高年份干草产量18 100kg/hm²。

一、品种介绍

　　豆科木蓝属多年生草本，根系较深；茎平卧或上升（匍匐），植株高20～60cm；奇数羽状复叶，小叶互生，倒卵形，长1.2～2.5cm，宽0.3～1cm；总状花序，腋生，长4～10cm，苞片狭卵状披针形，长2～3mm，花萼杯状，萼齿长约3mm，花冠紫红色或红色，旗瓣卵形，翼瓣和龙骨瓣具缘毛；荚果直，线形，长2～3.5cm，有种子8～10粒；千粒重2.98g左右。

　　种子耐受最低发芽温度为5℃，适宜发芽温度15～20℃。福建南部气温在10℃以上的地区全年均适宜生长。最适生长环境温度16～30℃，幼苗和成株能耐受−5℃的霜冻。耐热，耐干旱，不耐寒，气温低于−5℃时植株生长受阻，持续低温且出现较长时间霜冻的条件下，往往会造成大面积死亡。在福建以南，海拔1 600m以下的丘陵山地生长良好。闽南穗序木蓝对土壤要求不严，耐瘠，再生能力强。

在福建以南地区适宜春季4—5月播种，6—7月生长旺盛，花期10—12月，种子成熟期为翌年1—3月。在无霜冻发生的地区可全年生长。

二、适宜区域

适宜在热带、亚热带地区作为饲草、绿肥种植利用。

三、栽培技术

（一）选地

该品种适应性较强，对生产地要求不严，农田和荒坡地均可栽培；大面积种植时应选不会淹水的旱地地块。进行种子生产的用地要选择光照充足、地力均匀的地块。

（二）土地整理

种子细小，需要深耕精细整地。播种前清除生产地残茬、杂草、杂物，耕翻、平整土地；杂草较多时可在播种前采用灭生性除草剂处理后再翻耕。在降雨较多的地区要开挖排水沟。

（三）播种技术

1.种子处理

由于种子外壳坚硬，为了提高发芽率，播种前用50～60℃温水浸种，再在自然冷却的过程中浸泡24h。

2.播种期

一年四季均可播种，但为提高生产效益、促进栽培成功，应选择适宜生长季节进行。在南方热带、亚热带地区，适宜春季播种，播种期为4—6月，最佳播期为5月上旬，除气温因素以外，土壤有积水时亦不能播种。

3．播种量

一般以刈割为利用目的，播量为 7.5 ～ 9.75kg/hm^2，若撒播，播种量适当增加 30% ～ 50%，

4．播种方式

可采用条播、穴播或撒播，生产中以条播、撒播为主。条播时，以割草为主要利用方式的，行距 30 ～ 40cm，以收种子为目的时，行距为 50 ～ 70cm；覆土厚度以 1 ～ 2cm 为宜。人工撒播时可用小型手摇播种机，也可直接用手。撒播后可轻耙地面或进行镇压以代替覆土措施，使种子与土壤紧密接触。

（四）水肥管理

苗期建植期，根据苗情及时追施苗肥，使用钙磷镁肥，施量 75 ～ 150kg/hm^2，可撒施、条施或叶面喷施。以割草为目的的穗序木蓝草地，每次刈割后追施肥料，以氮、磷肥为主，施量 150 ～ 300kg/hm^2，可以撒施、条施。种植多年的草地，在冬季初霜降临前及春季植株萌发后适施磷、钾肥，可提高其抗寒能力并促进生长。

在年降水量 600mm 以上地区基本不用灌溉，在南方夏季炎热季节，有时会出现阶段性干旱，如在早晨或傍晚进行灌溉有利于再生草生长，提高生物产量。在多雨季节，要及时排水，防止涝害发生。

（五）病虫杂草防控

种植期间无病虫害发生，不用专门采取防治措施。

出苗后要及时清除杂草，尤其是有毒有害杂草；单播草地可通过人工或化学方法清除杂草。除草剂要选用选择性清除单子叶植物类药剂。对于一年生杂草，也可通过及时刈割进行

防除，中耕除草1～2次。若套种在茶园或果园，采用人工除草，严禁采用除草剂。

四、生产利用

适宜作割草地利用，第一茬刈割在现蕾或初花期进行，可获得最佳营养价值，留茬高度5～10cm，每年可刈割2～4次。鲜草可直接饲喂牛、羊等草食动物。

闽南穗序木蓝主要营养成分表（以风干物质计）

生育期	粗蛋白(%)	粗脂肪(g/kg)	粗纤维(%)	中性洗涤纤维(%)	酸性洗涤纤维(%)	粗灰分(%)	钙(%)	磷(%)
初花期	17.9	21.0	24.6	37.7	27.7	10.2	1.46	0.21

注：数据为福建省农业科学院农业质量标准与检测技术研究所测定结果。

闽南穗序木蓝群体

闽南穗序木蓝单株

闽南穗序木蓝根

闽南穗序木蓝茎

闽南穗序木蓝叶

闽南穗序木蓝花

闽南穗序木蓝果实荚

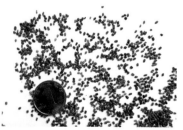

闽南穗序木蓝果实

桂南翅荚决明 ///////////////////////////////////

桂南翅荚决明（*Cassia alata* L. 'Guinan'）是广西壮族自治区畜牧研究所以野生群体为原始材料，以豆科牧草的适应性、丰产性、营养品质等为驯化目标，采用连续多年单株选择法而育成的野生栽培品种，2021年通过全国草品种审定委员会审定，登记号615。该品种具有显著的丰产性、稳产性和较高的营养品质，是牛羊兔等草食动物的优质牧草饲料，开发利用前景广阔。

一、品种介绍

豆科决明属多年生直立灌木，株高1.5～3m；偶数羽状复叶，呈长椭圆形或倒卵圆形，叶长30～60cm，叶宽最大可达7.5cm，叶柄和叶轴呈四棱柱形，有狭翅；总状花序顶生或腋生，具长梗，花呈鲜艳的黄色，直径约2.5cm，芽期被长椭圆形的苞片所覆盖，花瓣有明显的紫色纹脉；荚果带翅；种子扁平，呈三角形，千粒重29.27g左右。

喜温暖湿润气候，适应性广，在海拔800m以下、年降水量700mm以上的热带亚热带地区均可种植。耐轻霜，在桂南一带能安全越冬，在桂北地区部分叶片枯萎，但地下部能安全过冬。耐肥、耐旱、耐酸，对土壤要求不严，但以土层深厚和保水良好的黏性土壤生长最好，在山坡地种植，如能保证水肥，也可获得高产。

二、适宜区域

适宜在我国海南、广东、广西等热带亚热带地区种植。

三、栽培技术

（一）选地

宜选择在土层深厚、疏松肥沃、水分充足、排水良好的土壤种植。

（二）土地整理

种植前进行土地平整，清理砖块、石砾、杂草等，深翻耕，深度30～40cm，一犁一耙，进行土壤晾晒，以防土壤中病菌及寄生虫的危害。此外，随深翻，施适当有机肥作为基肥，或撒施氮磷钾复合肥及磷酸二铵各750kg/hm²。

（三）播种技术

1.种子处理

由于种子硬实，播种前要筛选饱满种子，用温水浸种24h，或用砂子擦破种皮，以保证出苗整齐。

2.播种期

可春播或秋播，一般春播3—6月为宜，在平均气温达到15℃即可种植。

3.播种量及播种方式

采用穴播或育苗移栽。穴播，株行距40cm×50cm，每穴3～5粒种子，播后覆土，镇压，浇透水。经过处理的种子发芽率高，一般5～10d出苗。条播出苗后，在苗高10cm左右进行间苗，株距40～50cm。每穴留健壮植株1～2株，如缺苗，要及时补栽。

（四）水肥管理

桂南翅荚决明生长速度快，根据土壤肥力情况和苗情进行追肥。追肥可施适量有机肥或硫酸铵 120kg/hm²、过磷酸钙 25kg/hm²。每次刈割后配合中耕除草追肥一次。

（五）病虫杂草防控

易受迁粉蝶幼虫啃食，每年 5 月和 9 月为多发期，应及时摘除幼虫叶，或在 4 月、8 月底喷施 80% 敌百虫晶体 800 倍液，提前喷药预防，以后每隔 7d 用药一次，喷施 2～3 次。

苗期生长缓慢，要及时清除杂草。每次刈割后，配合中耕除草。

（六）越冬保护

在冬季平均气温 ≥10℃ 的地区可自然越冬，但在霜冻多发地区，要进行适当的越冬保护。即在进入冬季 12 月后，霜冻到来之前，将地上部分砍掉，留茬 3～5cm，用泥土或地膜覆盖，以确保其免遭冻害。翌年清明前后植株可自行破除土壤或地膜发芽生长。

（七）种子收获

当荚果成熟变黑色时收种。由于花期长，种子成熟不一，因此要采取分批收种。

四、生产利用

（一）刈割青饲

属豆科小灌木，植株基部茎秆呈现木质化，作为牧草饲料利用应在株高 130～150cm 时刈割，留茬高度 50～60cm。一般种植 60d 后开始刈割，年可刈割 3～5 次，根据饲喂家畜采食习性将其切成 3～5cm 进行青饲。

（二）青贮利用

在旺盛生长季节，将叶片及嫩茎切成3～5cm小段，搭配其他禾本科及豆科牧草，如象草、柱花草等，用塑料薄膜包装密封或入窖青贮。青贮成功的物料味酸、色黄绿，质地柔软、湿润，茎、叶脉纹清晰，品质中上，适宜在缺少优质青饲料的冬季利用。

（三）中草药开发利用

具有较高的药用价值，先前作为传统傣药植物被开发利用，药用成分主要是醌类化合物和黄酮。其辛，温，具有抗炎、抗菌、清火解毒、消肿止痛、杀虫止痒等功效，内服可治咽喉肿痛、口舌生疮等，外用治疗疮肿脓疡、疥癣、湿疹等。全株均可入药。

（四）绿化观赏

叶色翠绿、花色金黄、花量大，花期长达6个月之久，在园林绿化上有较高的应用观赏价值。在绿化配置上可以作为背景，常被用于林缘、缓坡地、路边等。

桂南翅荚决明主要营养成分表（以风干物计）

生育期	粗蛋白（%）	粗脂肪（g/kg）	粗纤维（%）	中性洗涤纤维（%）	酸性洗涤纤维（%）	粗灰分（%）	钙（%）	磷（%）
初花期 [a]	19.0	30.0	19.9	34.8	24.2	8.1	1.3	0.5
初花期 [b]	21.1	35.0	24.6	/	/	7.48	1.4	0.35

注：a为农业农村部全国草业产品质量监督检验测试中心测定结果；
　　b为广西壮族自治区分析测试中心测定结果。

桂南翅荚决明群体

桂南翅荚决明单株

桂南翅荚决明根

桂南翅荚决明茎

桂南翅荚决明叶

桂南翅荚决明花

桂南翅荚决明荚果

桂南翅荚决明种子

琼西异叶银合欢 ////////////////////////////////////

琼西异叶银合欢（*Leucaena diversifolia* 'Qiongxi'）是中国热带农业科学院热带作物品种资源研究所以地方异叶银合欢为原始材料，采用自然选择和人工选择相结合的方法，经过单株选择，株系鉴定等手段选育而成的地方品种，2022年通过全国草品种审定委员会审定，登记号627。该品种具有显著丰产性，多年多点区域试验证明，琼西异叶银合欢干草产量极显著高于对照品种，丰产性和稳定性评价均优于对照品种，平均干草产量为10t/hm²。

一、品种介绍

豆科银合欢属植物，乔木，偶数羽状复叶，有羽片10～14对，羽片长3～9cm，叶轴长10～16cm；头状花序，单生或腋生，直径约2.0cm，约有小花164朵，每个小花有花瓣5枚，雄蕊10枚；荚果薄而扁平，顶端突尖，长约12.5cm，宽约2.2cm，纵裂；含种子18粒；种皮褐色，千粒重60.8g左右。

琼西异叶银合欢在日平均气温15℃以上并持续2d的条件下，种子开始发芽。从播种到出苗的天数因温度而异。当旬平均气温为17～18℃，需要8d；平均气温为24～25℃，需要4d。幼苗在子叶之后的第1片幼叶是羽状复叶，由5～8对小叶组成，以后生长的叶则是二回羽状复叶。

异叶银合欢生长与气温、雨量有着密切的关系。一年中以高温多雨季节（5—10月）生长最快，平均月长高36cm。冬春季干旱，生长缓慢。适宜在pH 5～7的土壤中生长，适应性广。在年降水量750～2 600mm的南方地区均可种植，但也适应于干燥条件，抗旱能力强。年刈割3～4次。

在海南儋州，3—4月播种的异叶银合欢，10—12月开花，翌年1—3月荚果成熟；生长多年的植株，年开花2次，分别在3—4月和8—9月，荚果分别于5—6月和11—12月成熟。成熟荚果自行开裂，散落种子自然繁衍。

二、适宜区域

适合在降水量750mm以上的潮湿或中等潮湿的热带、亚热带地区种植，尤其在海南、广东、广西、云南和福建等省份表现最佳，适用于草地改良、刈割青饲和水土保持等。

三、栽培技术

（一）选地
异叶银合欢对土壤要求不严，中性到微碱性土壤生长最好，在酸性红壤土（pH4.5～5.5）上仍能生长；要求土壤排水透气良好。土层深厚，酸碱度适当，排水通畅。

（二）整地
异叶银合欢幼苗较弱，顶土力差，苗期生长较缓慢，容易受杂草入侵为害，要求根系入土深。为了使根系充分生长，播种之前要精细整地，以彻底清除杂草。

（三）播种期
在海南儋州一般4—5月播种，如育苗移栽一般播种期在3—4月。

（四）种子处理
播种前必须进行种子处理。处理方法常用热水处理法，即用80℃热水浸种2～3min，然后阴干或让其自然冷却。

（五）播种方式

1.种子直播

种子直播适用于营造大面积人工刈割地或放牧地，作为青饲料生产或建植异叶银合欢叶粉基地，需密植，用种子直播较为省工，一般按60～80mm行距条播，出苗后间苗，每隔20cm留1棵壮苗。也可挖穴点播，穴深5mm，盖土2～3mm，每穴播种4～5粒。条播可用人工或机械进行，每米播种40～80粒，每公顷用种30～40kg。种子直播以雨季开始时为宜，并选土层深厚、肥沃，pH5.5以上的地方种植，需全垦，整地精细。若放牧利用，则采用带状条播，每带2行，行距80～100cm，带间距离为8～10m。林间混播其他牧草，也可每个牧区5%～10%的牧地单种异叶银合欢，株行距30cm×250cm，使牛、羊冬春季采食。

2.育苗移栽

种子紧缺时常采用育苗移栽法。一般播种期为3～4月，育苗地应选择距离大田较近，交通方便、土壤肥沃疏松、有灌溉条件的地块。播种后需加强管理，畦面要保证湿润。幼苗生长期根系浅，耐旱能力差，需保证水分及时供应。幼苗高度达到20～100cm，有6片以上真叶时即可于春、夏季移栽到整好的地块上。移栽定植行距为（60～80）cm×（100～150）cm，栽植要均匀、整齐、深浅适宜，最好是雨天移植，成活率高。移植后若发现死苗或缺苗，应及时补栽。

（六）杂草防除

异叶银合欢播种后5～15d出土，60d后株高仅30～40cm，幼苗生长发育缓慢，竞争能力较弱，往往易被杂草入侵造成较大危害，如不及时除草，幼苗就会被杂草掩盖，造成播种失败或严重减产。因此，一般苗期需中耕除草2～3次，待植株高度达60cm以上或完全覆盖地面后，异叶银合欢迅速生长，竞争能力增强，即可抑制杂草生长。

（七）施肥

合理施肥是异叶银合欢高产、稳产和优质的关键，为了满足正常生长对营养的需要，往往通过施肥来补充土壤养分。施肥能加快异叶银合欢的再生，可增加刈割次数。施肥时间一般在分枝期及每次刈割后进行。施腐熟有机肥1 500～3 000kg/hm²、过磷酸钙150～225kg/hm²、石灰300～450kg/hm²作基肥，采取分期施肥，效果较好。

（八）刈割收获

异叶银合欢长到1.0～1.5m时，即可进行第1次刈割，留茬高度50cm，每年可刈割3～4次。不耐重牧，须轮牧，若连续放牧，难于生长，最后会衰竭死亡。为了稳产和高产，宜在种植次年雨季开始时刈割利用，有利于延长植株利用年限。

（九）种子生产

采用育苗移栽法，将种子播于苗床，50～60d后移栽，常采用人工法收种，宜在阴天或早上收种，以免出现裂荚现象。

四、生产利用

（一）饲用

琼西异叶银合欢的嫩茎叶产量高，干草产量达10t/hm²，富含粗蛋白及维生素，是一种优良的蛋白质饲料，适口性好，牛、马、羊、兔喜食，也可用来作为鹅、鸡等家禽的补充饲料。

（二）绿肥

琼西异叶银合欢茎叶丰富，耐刈割，是一种良好的多年生木本绿肥植物。其嫩茎叶含氮0.91%，磷0.097%，钾0.608%，按年亩产嫩茎叶3 000kg计，相当于硫酸铵90kg，过磷酸钙14kg，硫酸钾33kg。在热带地区化肥容易分解变质情况下，用以代替部分化肥，达到减施化肥的效果。由于其本身具有固氮作用，且落叶较丰富，改良土壤效果好，主根深，侧根少，不会抢水抢肥，在山坡地可同其他作物间种，作为主作物的肥料来源。

（三）生态

琼西异叶银合欢生长速度快，再生能力强。主根深较为抗风，还可作为防风林树种之一。另外异叶银合欢较耐旱，还可作为公路护坡的树种之一，目前在公路、铁路旁种植达到了固土护坡效果。在南方陡坡较易出现泥石流的区域种植异叶银合欢，可降低泥石流带来的危害。

琼西异叶银合欢主要营养成分表（以风干物计）

生育期	粗蛋白（%）	粗脂肪（g/kg）	粗纤维（%）	中性洗涤纤维（%）	酸性洗涤纤维（%）	粗灰分（%）	钙（%）	磷（%）
营养生长期	24.5	28.6	25.2	46.1	31.0	6.1	0.4	0.3

注：数据由农业农村部全国草业产品质量监督检验测试中心提供。

琼西异叶银合欢群体

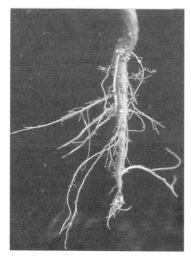

琼西异叶银合欢根

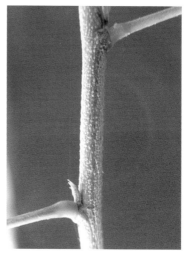

琼西异叶银合欢茎

琼西异叶银合欢叶

琼西异叶银合欢花

琼西异叶银合欢果荚

琼西异叶银合欢种子

禾本科

青燕2号燕麦 ////////////////////////////////////

青燕2号燕麦（*Avena sativa* L.'Qingyan No.2'）是青海省畜牧兽医科学院以国审燕麦品种青海444为母本，青海甜燕麦为父本进行杂交，经多年系统选育而成的育成品种，2022年通过全国草品种审定委员会登记，登记号630。该品种具有显著的丰产性和适应性。多年多点区域试验证明，乳熟期青燕2号燕麦较对照品种青引1号和青引2号燕麦青干草增产16.3%以上，平均干草产量13 763.3kg/hm²；种子产量增产15.3%以上，平均种子产量4 095.5kg/hm²。

一、品种介绍

禾本科燕麦属一年生草本，春性。须根系，长10～20cm；株型直立，株高145～170cm，分蘖数3～5个；茎直立中空，叶片半下垂；圆锥花序开展，自花授粉，穗基部有少许扭曲，每小穗2～3朵小花；颖果纺锤形，穗长27～35cm，主穗小穗数95～150个；黑褐色至褐色，千粒重35.0～40.0g。

不同发育阶段对温度有着不同的要求，在整个生育过程中，生长最高温度不能超过30℃。通常地温达3～4℃时开始播种。燕麦种子发芽的最低温度为3～4℃，最高30℃，最适温度为15～25℃，适宜含水量是田间持水量的60%～80%。一般情况下，南方秋播5～6d出苗，北方春播或夏播7～15d出苗。青燕2号燕麦对土壤要求不严，适宜在冷凉地区生长，炎热干燥对生长发育不利。

受当地气候条件、水热条件及生产状况等因素限制，不同种植区域播种时间会出现较大差别。青燕2号属中晚熟型，在海拔2 600m左右的地区生育天数110～120d，海拔3 000m以下区域可进行种子和饲草生产，3 000m以上区域仅用于饲草种植。

二、适宜区域

适宜青海省海拔2 500～3 200m的区域以及国内其他冷凉地区种植。

三、栽培技术

（一）播前准备

选择开阔、通风、阳坡或半阳坡、坡度平缓、耕层深厚、土质较好，肥力中等，pH7.5左右的地块，忌连作。秋季、入冬或早春深耕，翻耕25～30cm，以增加土壤含水量。播前施腐熟有机肥30 000～45 000kg/hm^{2}或尿素225～300kg/hm^{2}和磷酸二铵（含氮18%、含磷46%）150～225kg/hm^{2}作基肥，将基肥翻入土中，进行耙糖，平整土地。

（二）播种技术

1.播种期

土壤解冻10cm时即可播种。一般海拔3 000m以下区域种子生产4月上旬至5月上旬播种；旱地及海拔3 000m以上区域饲草种植5月上旬至中旬前播种。

2.播种方式

条播或撒播，生产中以条播为主。饲草田行距15～25cm，种子田行距15～30cm。播深4～5cm，在土壤潮湿、黏重土壤或少风季宜浅，土壤干燥疏松或多风季可稍深，深可至8cm，播后镇压。

3.播种量

根据播种方式和利用目的而定。条播，饲草田按每公顷保苗数40万～45万株计（根据发芽率和纯净度计算其播量）；种子田按每公顷保苗数25万～35万株计（根据发芽率和纯净度计算其播量）。撒播，根据土壤墒情，饲草田和种子田在条播基础上播量增加1.2～1.5倍。

（三）田间管理

分蘖至拔节期人工除草1～2次，也可用除草剂灭除杂草，用量750～1 125g/hm²，天气晴朗时用机动喷雾器进行叶面喷雾，以去除阔叶型杂草。分蘖期，视苗情长势，趁雨撒施或结合中耕除草适当追施氮肥45～75kg/hm²。

（四）病虫防控

该品种抗逆性强，病虫害极少发生。当病虫害发生时，应选用低毒、高效、无残留农药。

四、生产利用

1.饲草利用

该品种可刈割调制青干草或捆裹青贮。饲草利用一般在开花期至乳熟期刈割，留茬5cm以下。调制青干草时，在开花、乳熟期或霜冻后刈割，选择干燥晴朗天气，刈割晾晒，当上层植物含水量在40%左右时进行翻晒，待牧草水分低于18%时打捆或堆垛。

2.种子收获

植株穗上部籽粒达到完熟，下部籽粒进入蜡熟期时开始收获。收获后及时进行晾晒、清选、包装和贮藏，严防混杂。

种子收获后的秸秆打成草捆，饲喂家畜。

青燕2号燕麦群体

青燕2号燕麦单株

青燕2号燕麦根

青燕2号燕麦茎叶

青燕2号燕麦花

青燕2号燕麦小穗

青燕2号燕麦种子

甘农3号小黑麦 //

甘农3号小黑麦（*Triticale Wittmack* 'Gannong No. 3'）是甘肃农业大学以引自澳大利亚的六倍体小黑麦品种AT2DH2FF4为母本，AT574为父本，2009年进行有性杂交，采用系谱法选育而得到的饲草产量高、品质好、抗锈病的六倍体小黑麦育成品种，2021年通过全国草品种审定委员会审定，登记号607。多年多点区域试验表明，甘农3号小黑麦平均干草产量为13t/hm^2。

一、品种介绍

禾本科小黑麦草属一年生自花授粉草本植物，六倍体，中熟品种。须根，入土较浅；茎秆粗壮直立，株高132～155cm，分蘖力强，达4～17个；穗状花序顶生，穗长11～13cm；颖果细长呈卵形，基部钝，先端尖，腹沟浅，红褐色，护颖狭长，外颖脊上有纤毛，先端有芒；千粒重41～42g。种子产量7 656kg/hm^2。

抗寒性强，在甘肃省海拔1 892m的区域茎秆以青绿色越冬。茎秆粗壮，抗倒伏性强。耐旱性和再生性较强。抗锈病，苗期对条锈病混合菌轻度感染。

二、适宜区域

适宜范围广，全国各地均可栽培。可在青藏高寒牧区及其他气候相似区进行饲草生产，为家畜提供高产优质饲草。

三、栽培技术

（一）选地

该品种适应性较强，对土地要求不严，耕地和荒坡地均可种植。大面积种植时，应选择地势开阔、土地平整、土层深厚、杂草较少、病虫鼠雀等危害轻，相对集中连片的地块，以便于机械化作业。

（二）土地整理

种植甘农3号小黑麦前，需要对土地进行基本耕作和表土耕作，以使土地平整。播种前施有机肥40t/hm^2，或磷酸二铵300kg/hm^2。

（三）播种技术

1. 种子处理

一般不携带病菌，不需要对种子进行处理。

2. 播种期

海拔大于3 000m的区域适宜春播，4月下旬至5月上旬播种。海拔低于3 000m的区域适宜秋播，9月中下旬播种。

3. 播种量

干草生产田条播播种量为240 ～ 252kg/hm^2，撒播播种量为280 ～ 300kg/hm^2。种子生产田的播种量为200 ～ 220kg/hm^2。

4. 播种方式

条播或撒播。条播时行距20cm，播种深度3 ～ 4cm。也可撒播，撒播后旋耕，旋耕深度5 ～ 10cm。

（四）水肥管理

秋播时，翌年返青期和拔节期分别追施尿素180kg/hm^2。春播时，出苗期和拔节期分别追施氮肥180kg /hm^2。施肥后及时灌水（如果有灌溉条件）或在下雨前施肥，以防烧苗。种子生产田返青（出苗）期和拔节期分别追施尿素90kg/hm²。

（五）病虫杂草防控

甘农3号小黑麦抗锈病、黄矮病和白粉病，生长发育期间不需要喷施农药。偶有蚜虫危害，不需防治，或叶面喷施草木灰，喷施时按1∶5比例将草木灰浸泡在水中24h，过滤，每隔7～8d喷施1次，连续喷3次。

秋播田杂草危害较轻，不需要喷施除草剂。春播田杂草危害较重，苗期待杂草长出后，视情况使用除草剂防控。

四、生产利用

甘农3号小黑麦高产优质，青干草粗蛋白含量11.57%～11.95%，中性洗涤纤维含量52.02%～52.81%，酸性洗涤纤维含量36.25%～37.64%。可青饲、调制青干草和青贮饲料。青饲时抽穗期刈割；调制青干草开花期—灌浆期刈割，田间晾晒2～3d，待饲草含水量降至12%～15%时打捆，贮存备用；调制青贮饲料时乳熟期刈割，裹包青贮或窖贮。种子生产，平均产量7 656kg/hm²。

甘农 3 号小黑麦群体

甘农 3 号小黑麦单株

甘农 3 号小黑麦根

甘农 3 号小黑麦茎

甘农3号小黑麦叶

甘农3号小黑麦花序

甘农3号小黑麦种子

渝东鸭茅 //

渝东鸭茅（*Dactylis glomerata* L.'Yudong'）是四川农业大学和西南大学以2001年在重庆市巫山县采集的野生鸭茅群体（原始编号为01472）为原始材料，经多年选择驯化而成的野生栽培品种，2021年通过全国草品种审定委员会审定，登记号608。国家区域试验表明，渝东鸭茅在适宜种植区域华北（北京双桥）和西南区（四川新津、贵州独山和云南小哨）产量高，干草产量达7 000 ～ 11 000kg/hm²。该品种再生性强，年可刈割4 ～ 5次。

一、品种介绍

禾本科鸭茅属多年生上繁草，冷季疏丛型，须根系发达；茎直立或基部膝曲，茎基扁平，株高133 ～ 154cm；植株基部叶片密集，幼叶成折叠状，叶面及边缘粗糙，断面呈V形，披针形叶片无叶耳，叶舌膜质，成熟植株叶长47 ～ 59cm，宽11 ～ 14mm；圆锥花序开展，长16 ～ 28cm，小穗单侧簇集于硬质分枝顶端，长6 ～ 11mm，每小穗含3 ～ 6朵小花，外稃顶端有短芒；种子梭形或扁舟形，长6 ～ 7mm，黄褐色，千粒重0.88 ～ 1.22g。

渝东鸭茅适应性强，对土壤要求不严，耐瘠薄，不耐碱，不耐淹。9月秋播，翌年3月上旬进入拔节期，4月上旬开始抽穗开花，5月下旬种子成熟，生育期233d。喜温凉湿润气候，耐热抗旱、抗寒、抗病、耐荫、对氮肥反应敏感；春季生长速度快、产草量高、叶片宽大、适口性好，耐刈割。

二、适宜区域

适宜于西南区温凉湿润地区（海拔700～2 400m最为适宜）及华北地区种植。

三、栽培技术

（一）整地

鸭茅适合多种土壤，但不耐盐碱，耐荫性好，可在林下种植。由于种子较小，苗期生长慢，播前需精细整地，并清除杂草，贫瘠土壤施用底肥可显著增产。

（二）播种

海拔800m以下地区以秋播为宜，9月底到10月中旬为佳，在高海拔地区可以春播，3～4月播种。播种方法以条播为主，种子繁殖，行距25～40cm，播深1～1.5cm。播后细土拌草木灰覆盖，后轻缓浇水，让种子与土壤充分接触，以利发芽。单播播种量为15～18.75kg/hm^2，适宜与白三叶混播，混播时鸭茅用种量7.5～10kg/hm^2。

（三）水肥管理

在分蘖、拔节期及每次刈割后追施75～150kg/hm^{2}速效氮肥。在拔节期灌溉一次，结合追肥或单独进行。若遇涝灾积水，应及时排涝，以免影响生长。

（四）田间管理

播种7d后可出苗，幼苗生长较为缓慢，苗期应注意适时中耕除杂。

（五）病虫害杂草防治

温暖潮湿条件下易发锈病，发现感染锈病后需尽早刈割。

（六）收获利用

前期生长缓慢，后期生长迅速。秋季播种，翌年返青后生长较快。抽穗期刈割为宜，延期收割会影响牧草品质和牧草再生，留茬高度5cm。

渝东鸭茅主要营养成分表（以风干物计）

生育期	水分 (%)	粗蛋白 (%)	粗脂肪 (g/kg)	粗纤维 (%)	中性洗涤纤维 (%)	酸性洗涤纤维 (%)	粗灰分 (%)	钙 (%)	磷 (%)
抽穗期	9.9	18.3	35.1	24.9	50.4	27.8	9.8	0.41	0.23

注：数据由农业农村部全国草业产品质量监督检验测试中心提供。

渝东鸭茅群体

渝东鸭茅茎、叶、叶舌

渝东鸭茅小穗和花序

晋北赖草 //

晋北赖草（*Leymus secalinus*（Georgi）Tzvel.'Jinbei'）是山西农业大学以采集于山西省不同地区的野生赖草资源为材料，进行鉴定评价，经一次单株选择和两次混合选择选育而成的野生栽培品种，2022年通过全国草品种审定委员会登记，登记号632。该品种叶量大、草产量高，鲜草产量约29 000kg/hm^2，干草达10 000kg/hm^2。适宜在华北及中原等干旱及盐碱地区种植，可作为人工草地建植、退化草原生态修复和盐碱地栽培利用的优良品种。

一、品种介绍

禾本科赖草属多年生草本植物。根茎发达，秆直立，高度85～130cm，茎秆粗2.63～3.66mm，茎3～5节；叶片条形，长30～63cm，宽5.6～9.3mm；穗状花序直立，长15～27cm；每穗有穗轴节15～34个，每节含小穗3～5枚，两性花，每小穗有小花3～7朵；颖果呈扁长圆形，千粒重2.36g左右。

晋北赖草返青早、枯黄较晚，在山西中部3月中旬返青，4月中旬进入分蘖期，5月上旬开始拔节，6月上旬抽穗，抽穗10d左右开花，7月上旬至下旬种子成熟。10月下旬至11月初开始枯黄，生长期为220d左右。对土壤要求不严，轻度盐碱地、沙质土壤均可种植。耐寒耐旱，耐盐碱，在pH为8～10的盐碱地上能很好生长，酸性土壤中表现较差。

二、适宜区域

该品种适宜在海拔500～2 500m、≥10℃年积温2 600～4 300℃及年降水量200～700mm的华北及中原等干旱及盐碱地区种植，如内蒙古中西部、甘肃、青海、河北、山西、陕西、山东、河南等地。

三、栽培技术

（一）选地

该品种适应性较强，对生产地块要求不严，农田、轻度盐碱地和荒坡地均可栽培；大面积种植时应选择较开阔平整的地块，以便机械作业。进行种子生产，要选择光照充足、利于花粉传播的地块。

（二）土地整理

种植地块翻耕前清除杂草、石块等杂物，耕深应在20cm以上，耕后耙平，要求地面平整，土块细碎均匀，无根茬，耕层达到上虚下实。春旱地区利用荒废地种赖草时，土壤要秋翻，来不及秋翻时要早春翻，以防失水跑墒。有灌溉条件的地方，翻后应灌足底墒水，以保证发芽出苗良好。

（三）播种技术

1. 种子处理

该品种有一定的休眠性，大量种子可在种植前进行层积处理，温度保持在-2℃～5℃，种子与地面的深度不能小于50cm，层积90～120d其效果最好。少量种子可用浓度为0.05mmol/L SA（水杨酸）浸种处理12h或用60mg/L或120mg/L的6-苄氨基嘌呤引发36h，可破除种子休眠。

2. 播种期

北方地区3月下旬至8月份均可播种，最佳时期为4月上旬至5月上旬，秋播最晚为8月中旬。

3. 播种量

放牧和割草田播量20～25kg/hm^2；收种田播量18～20kg/hm^2。用根茎繁殖时，间距10～20cm，根茎小段要求切成5～10cm，每段保留2～3个节。

4. 播种方式

条播、撒播和穴播均可。条播建植人工草地，行距30～60cm，种子繁殖行距50～70cm，播种深度2～3cm。沙性土壤播深不超过3cm，黏性土壤要控制在2cm以内。根茎种植后覆土深度4～6cm。播种后适当镇压。

（四）田间管理

1. 中耕除草

该品种出苗慢，幼苗纤细，苗期结合中耕进行除草。当生长到2～3片叶片时除草效果最好。播种当年应注意防除杂草。

2. 水肥管理

有条件地区可在分蘖期或每次刈割后灌水1次，灌溉方式喷灌、漫灌均可。灌水量每次1 200～1 800m^3/hm^2，返青水和越冬水为必浇，其余可根据旱情和刈割后长势灌水1～2次。赖草需氮较多，拔节、孕穗或刈割后追施氮肥，拔节前追加复合肥300kg/hm^2，第一次刈割后追加氮肥150～225kg/hm^2。

四、生产利用

该品种播种当年生长较慢，产量低，第二年开始迅速生长。作为割草地，春播当年可刈割1次，之后每年可刈割2次，有灌溉条件的地区可刈割3次。最佳刈割时期为开花期，留茬高度4～5cm。越冬前最后一次刈割时间应控制在停止生长或霜冻来临前的45d，刈割留茬7～8cm。草产量最高峰在第三至第六年。该品种抽穗期各营养成分为粗蛋白质9.46%，酸性洗涤纤维37.47%，中性洗涤纤维68.97%，粗灰分6.91%，粗脂肪3.52%，钙3.01%。

作为种子田，种植当年不能利用，第二年在抽穗前灌溉1次。开花时可进行人工辅助授粉，70%种子成熟即可收割，可采用小麦收割机进行收获。

利用该品种进行植被修复时，保证当年顺利生长后，其繁殖能力强的根茎就会在地下向四周扩展，形成致密的根系网，从而保持水土。

晋北赖草群体

晋北赖草单株

晋北赖草穗长

晋北赖草小穗

晋北赖草花序

晋北赖草穗

晋北赖草种子

川中牛鞭草 ///

　　川中牛鞭草（*Hemarthria altissima* (Poir.) Stapf et C. E. Hubb. 'Chuanzhong'）是四川农业大学以采自四川省成都市金堂县竹篙镇环溪河河滩地分布的野生牛鞭草为材料，经无性系选择、栽培驯化选育而成的野生栽培品种，2022年通过全国草品种审定委员会审定，登记号633。该品种较其他品种具有适应性强、产量高等优势，根据国家区域试验结果表明，在长江中上游海拔600m以下平原浅丘区，川中牛鞭草平均干草产量达24 330kg/hm^2，平均比对照重高牛鞭草增产14%以上，成熟期粗蛋白含量高于对照品种雅安牛鞭草和重高牛鞭草。

一、品种介绍

　　禾本科牛鞭草属多年生草本。长根状茎，在土表下10cm的土壤中呈水平状延伸，密集、粗壮，不定根较少，深可达25cm；秆高130～140cm，直立或仰卧，圆柱形，具明显沟槽，节膨大，中部节间最长，向下向上逐渐变短；叶鞘无毛，叶片条形；总状花序生于顶端和叶腋，长达10cm；小穗成对生于各节，有柄的不孕，无柄的结实，无柄小穗轴节间与小穗柄愈合而成的凹穴中，卵状矩圆形，长6～8mm，有柄小穗长，渐尖，第一颖在顶端以下略紧缩。

　　该品种为暖季型牧草，喜温热湿润气候，对持续高温具有很强的适应性。放牧刈割兼用，单播或和豆科牧草混播均可。每年的3月返青，6月抽穗，7月开花，7月下旬至8月上旬结实，生育期214d左右。

二、适宜区域

适宜在我国南方长江中上游流域海拔600m以下的冬暖湿润平原浅丘区种植。

三、栽培技术

1. 建植

整地：牛鞭草对土壤要求不严，在各类土壤上均能生长，但以酸性黄壤产量最佳。由于生长期内需水量大，且耐短暂渍水，多安排在排灌方便的土壤上种植。牛鞭草对整地要求不严，耐粗放。为了确保更好的成活和将来刈割、管理方便，最好使土壤达到松、平、细。有条件可施渣肥、厩肥和磷钾肥做底肥。

建植时间：在南方农区，以5～9月份栽插为宜。玉米是其良好前作，所提供的土壤通透性好，残留的营养物丰富。7月是牛鞭草的繁殖生长高峰，无论其生长速度，还是再生苗萌发均为最佳时间。

栽插技术：牛鞭草的结实率极低，现均采用扦插繁殖。在地温达10℃、气温在15℃以上时可进行建植。栽插前，选择生长良好、粗壮老健、节密的成株作种茎，按每节2～3节切短斜放于开好的沟内，栽插株行距一般为10cm×30cm，深10cm，覆土压紧后地面应留1～2节于土外。一般每亩应有8万～10万株基本苗，需种茎200～250kg。

2. 水肥管理

牛鞭草在栽后应保持土壤一定湿润，以便生长新植株。

栽后15d追施尿素150kg/hm^2，以后每次刈割都要追施尿素。在3月初追施春肥比4月中旬施用饲草产量显著。7月底前后重施氮肥可促进此后两个月内草的快速生长而增加冬季草的积累；冬季需施有机肥，以利产草量的提高并延长利用年限。干旱季节须及时浇水，保证土壤湿润。

3. 病虫杂草防控

防治虫害：牛鞭草所需的环境为温热湿润气候，因而容易滋生害虫，主要有蝗虫类和黏虫类，一般采用药物防治，主要用灭多威进行喷洒；也可采用生态防治法，如草地灌水与晒地相结合，建植多年生刈割型草地，轮流刈割利用，在虫害发生前除杂草时要进行深耕，在其虫卵孵化期进行刈割、灌水等。

防除杂草：主要杂草为泽漆、酸模、喜旱莲子草、拉拉藤、鹅儿菜。春季和秋季当杂草开花结实前必须进行除杂，以锄头在两行牛鞭草之间进行浅层除杂，对一年生杂草可减少其竞争能力和阻止其开花结实，对多年生杂草则阻止其地上部分的生长，并使其因萌发新芽而迅速耗尽贮藏在地下器官的养分。

四、生产利用

在水肥条件较好的情况下，可在移栽后70～80d进行刈割利用，首次利用留茬高度2～3cm，以后每隔30d，当草层自然高度达60～80cm时刈割。年刈割量可达6～7次，在第一次降霜以前刈割完毕。返青时禁牧，秋季刈割后的再生草应轻牧。牛鞭草除青饲外，也可调制成青贮饲料或青干草备用，可为冬、春季畜禽作补充饲料。

川中牛鞭草主要营养成分表（以风干物计）

品种	水分 (%)	粗蛋白 (%)	粗脂肪 (%)	粗纤维 (%)	中性洗 涤纤维 (%)	酸性洗 涤纤维 (%)	粗灰分 (%)	木质素 (%)
川中	2.81	4.52	1.74	33.06	68.6	36.73	4.48	6.46

注：数据委托蓝德雷饲草饲料品质检测实验室测定；各指标数据均以干物质为计算基础。

川中牛鞭草群体

川中牛鞭草单株

川中牛鞭草茎

川中牛鞭草叶

川中牛鞭草花序

青南大颖草 ///

　　青南大颖草（*Kengyilias grandiglumis* (Keng) J. L. Yang et al. 'Qingnan'）是青海省草原总站和青海省牧草良种繁殖场以2004年在青海省青南沙漠区域采集的野生种质资源为材料，经10年的驯化选育和评价，通过单株选择、分株比较、混系繁殖、品种比较试验、沙化环境适应性试验等一系列驯化栽培选育手段，培育成具有适应性广、抗逆性强的人工栽培沙化治理草种野生栽培品种，2022年通过全国草品种审定委员会审定，登记号634。该品种在沙地具有较强的适应性与稳定性。经国家草品种区域试验多年多点比较，青南大颖草较对照品种扁穗冰草平均增产8%以上，沙地平均干草产量1 800kg/hm^2，非沙地平均干草产量3 000kg/hm^2。

一、品种介绍

　　禾本科以礼草属（仲彬草属）多年生草本植物，须根系，分布于0～30cm深土层；秆成疏丛，基部倾斜或膝曲，株高75～135cm，平滑无毛，第二节间长22～28cm；具3～5叶，叶片内卷或对折，灰绿色，叶长16～37cm，宽1～6mm，先端长渐尖，叶面略粗糙，背面平滑无毛；异花授粉，穗状花序长7～8cm，灰绿色，穗轴节间无毛，小穗脱节于颖之上，小穗长10～15mm，含3～5朵小花；第一颖长5～9mm，长圆状披针形，灰绿色或带紫色，边缘质薄近于膜质，先端长渐尖至具短尖头，通常具3脉，第二颖长6～10mm，具4～5

脉，外稃长9～11mm，背部密生长糙毛，具5脉，先端具小尖头，内稃稍短于外稃长8～10mm，先端凹陷，上部被微毛；种子披针形，黄色，千粒重3.4g左右。

青南大颖草适应性强，在青海省海拔2 200～4 200m的地区均能生长良好，抗旱性佳，根系发达，抗逆性强；在pH 8.3的土壤上生长发育良好，对土壤选择不严；耐寒，在−36 ℃低温能安全越冬，生长良好；抗病能力强，在青海省大部分区域未发现病虫害。种子在5℃左右萌发，当年不能结籽。在青海省青南地区5月中下旬播种，翌年4月中下旬返青，6月上中旬拔节，7月中旬抽穗，7月中下旬开花，8月上中旬种子成熟，生育期116～124d，青绿期156～162d。在非沙化地区，生育期内可刈割鲜草1次，年鲜草产量9～10t/hm^2。

二、适宜区域

适宜范围广。在青海省内海拔2 200～4 200m的地区均能良好生长，特别是在土壤疏松的沙地环境中，适应性较强。

三、栽培技术

（一）选地

该品种适应性较强，对生产地要求不严，沙地、非沙地等均可栽培；大面积种植时应选择较开阔平整的地块，以便机械作业。进行种子生产的产地要选择光照充足、利于花粉传播的地块。

（二）土地整理

播前对栽培地区进行鼠害防治，再清除残茬、杂草、杂物，然后进行耕翻、镇压。在翻耕前施底肥（氮肥）13.5～27.0kg/hm^2，磷酸二铵36～72kg/hm^2。

（三）播种技术

1.播种期

青海南部地区，在旱作条件下，一般5月中下旬播种，当年生长发育缓慢，第二年4月初开始返青，返青率高；在海拔4 000m以上地区，一般6月上旬播种。

2.播种量

根据播种方式而定。条播，播量为22.5 ～ 30kg/hm²；撒播，播量为30.0 ～ 37.5kg/hm²；混播，与多年生同德短芒披碱草混播（混播比例1：1）为宜。

3.播种方式

条播、撒播均可，条播适用于地势平坦、可机械作业地块，撒播适用于所有地块。播种深度为2 ～ 3cm，人工撒播时可将种子与细沙混合均匀，直接用手撒播。撒播后轻耙地面或进行镇压以代替覆土措施，使种子与土壤紧密接触。

（四）水肥管理

在拔节至孕穗期根据作物生长情况及时追施尿素，施量为35 ～ 45.5kg/hm²，可撒施或条施。在整个生育期内不需要灌溉。

（五）病虫杂草防控及管理措施

种植期内少有病虫害发生。播种当年生长发育缓慢，禁践踏、牛羊采食等行为，有条件地区需要进行围栏封育。

四、生产利用

该品种是优质的禾本科牧草，分蘖能力强，属上繁草类型，在青南地区沙地旱作，一般当年分蘖4 ～ 8个，在适宜的密度条件下，结实性良好。青南大颖草茎叶柔软，表面无刚毛，叶片不易脱落，叶占鲜草重量的40%。根据中国科学院西北高原生物研究所分析中心检测，初花期（以干物质计）粗蛋白含量6.48%，粗脂肪含量1.12%，粗纤维含量38.92%，粗灰分含量4.0%，钙含量0.26%，磷含量0.15%，无氮浸出物含量42.28%。

　　青南大颖草在各种类型的退化草地中均具有出苗整齐、长势良好等特征，尤其在沙化型退化草地中，大颖草较其他禾本科牧草如垂穗披碱草、青海冷地早熟禾、青海中华羊茅表现出出苗率高、植被盖度高等优势。作为沙化草地的生态恢复治理草种，恢复成效显著，治理后植被盖度可达60%。越冬率超过80%，第五年后产量才逐渐下降。也可与禾本科牧草同德短芒披碱草、青海冷地早熟禾、青海中华羊茅等混播建植多年生人工草地，1～2年内即可形成优质人工草场。

青南大颖草群体

青南大颖草单株

青南大颖草根

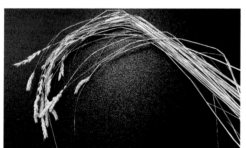

青南大颖草茎

青南大颖草叶

青南大颖草穗

青南大颖草花

青南大颖草种子

青南大颖草种子

环湖老芒麦 ///

    环湖老芒麦（*Elymus sibiricus* L. 'Huanhu'）是青海省畜牧兽医科学院以采自青海省果洛州、海南州和海北州等地的野生老芒麦为材料，经多年栽培驯化而成的野生栽培品种，2022年通过全国草品种审定委员会审定，登记号631。该品种具有植株高大、叶位高、产草量高的特点。多年多点区域试验证明，环湖老芒麦较对照品种川草2号和同德老芒麦干草产量增产12.0%以上，鲜、干草产量平均为17 490.8kg/hm^{2}和6 350.1kg/hm^2。

一、品种介绍

    禾本科披碱草属多年生草本，疏丛型上繁草。须根系，根系发达；秆光滑，高100～140cm，具4～6节，下部节呈膝曲状；叶鞘无毛，常短于节间，叶片扁平，4～6片，旗叶长9～18cm，宽5～9mm，无毛或有时疏生柔毛，叶位高（旗叶至穗）11～20cm；穗状花序疏松，下垂，长15～21cm，芒长0.7～1.5cm，穗轴细弱，常弯曲，棱边具小纤毛，节间长4～11mm，颖狭披针形，具3～5脉，脉上粗糙，背部先端渐尖或具长达5mm的短芒，外稃披针形，背部粗糙或被短毛，具5脉，第一外稃长8～12mm，顶端延伸一反曲之芒，芒长10～19mm；内稃先端钝尖，具2脊，脊上被纤毛；颖果披针形，浅黄色，颖果长7.5～11.0mm，宽0.7～1.7mm；千粒重3.0～3.4g。

在青藏高原高寒区海拔4 200m以下地区均能种植，适应性强，耐寒，能耐－35℃的低温侵袭，分蘖节离地表2.5～3.5cm，重霜后植株仍保持青绿，生长良好。对土壤要求不严格，在pH为8.2的土壤上仍能正常生长。在海拔3 200m地区旱作条件下种植，4月中旬返青，5月中旬拔节，6月下旬至7月上旬抽穗，7月下旬开花，8月下旬种子成熟，全生育期129d左右。

二、适宜区域

适宜在青藏高原海拔3 200m以下的地区进行种子和饲草生产，在海拔3 200～4 200m的地区进行人工草地建植、天然草地补播改良和生态环境治理。

三、栽培技术

（一）播前准备

播种前一年夏秋季深翻土地25～30cm，施入基肥。如果地块内多年生禾本科杂草较多，且又无法彻底根除，建议选用符合国家使用标准的安全、高效、低污染除草剂进行灭杀，翌年春季翻地，耙耱，使地面平整，土块细碎，可减少90%以上杂草危害。土壤含水量较低时，播前需镇压，以控制播种深度。播前施磷酸二铵150～225kg/hm²作基肥。

（二）播种技术

1. 种子处理

该品种种子芒较长，为确保播种质量，播前需对种子断芒。

2. 播期

海拔3 200m以下地区，5月上旬至7月中旬播种，海拔

3 200～4 200m地区5月下旬至6月下旬播种。

3.播种方式及播量

条播或撒播。饲草田条播行距15～30cm，播量为20～
30kg/hm²；种子田条播行距30～45cm，播量15～22.5kg/hm²。
大面积种植以条播为宜，撒播时在条播量基础上增加1.2～1.5
倍。播深2～3cm，土壤干燥时可稍深，潮湿则宜浅，土壤疏
松可稍深，黏重土壤宜浅，多风季可稍深，少风季宜浅。还
可与中华羊茅、早熟禾等中、下繁牧草混播，用种量30%～
40%，可有效提高混播草地的产量和饲草品质。播后镇压，使
种子和土壤充分接触，利于出苗。

（三）田间管理

1.苗期管理

播种当年严防牲畜采食和践踏，有条件情况下，设立
围栏进行保护。苗期生长缓慢，易受杂草危害，在牧草分蘖
期后，用除草剂灭除杂草，天晴时用机动喷雾器进行叶面喷
雾。种子田还应经常中耕去杂除劣，以保证种子的质量和
纯度。

2.追肥

根据生长情况，在分蘖期至拔节期，视苗情长势适当追
施氮肥75～150kg/hm²，对水喷洒。

3.松耙

在人工草地建植后3～4年，由于牧草根系盘结，土表积
累大量未分解的有机质而逐渐板结、紧实，透水、透气能力变
差，牧草产量日趋下降，因此在牧草返青后应结合追肥对土壤
进行松耙，改善土壤理化性状，提高其生产力，延长草地利用
年限。

（四）病虫防控

该品种抗逆性强，病虫害极少发生。当病虫害发生时，应选用低毒、高效、无残留农药。

四、生产利用

1. 饲草利用

在开花期至乳熟期刈割利用，留茬5～7cm，调制青干草或青贮。青干草调制时，选择干燥晴朗天气，刈割晾晒，当上层植物含水量在40%左右时进行翻晒，待牧草水分低于18%时打捆或堆垛。

2. 种子收获

因种子完熟后易脱落，当70%～80%的种穗进入蜡熟期时开始收获，选天气晴朗的傍晚进行，以减少籽粒脱落。收获后及时晾晒、清选、包装和贮藏，严防混杂。种子收获后的秸秆打成草捆，饲喂家畜。

环湖老芒麦群体　　　　　　　　环湖老芒麦单株

环湖老芒麦根

环湖老芒麦茎

环湖老芒麦叶量及叶位

环湖老芒麦花序

环湖老芒麦小穗

环湖老芒麦种子

环湖寒生羊茅 //

环湖寒生羊茅（*Festuca kryloviana* Reverd. 'Huanhu'）是青海省畜牧兽医科学院以1976年在青海省环湖地区的高山草原上采集的寒生羊茅野生种质为材料，经多年栽培驯化选育而成的野生栽培品种，2019年通过全国草品种审定委员会审定，登记号577。该品种退化慢、利用年限长，生产性能稳定，特别适宜在高寒地区恶劣气候条件下种植。多年多点区域试验证明，环湖寒生羊茅较对照品种紫羊茅和克里斯塔尔硬羊茅干草产量增加30.7%以上，平均干草产量3 619.1kg/hm^2。

一、品种介绍

禾本科羊茅属多年生草本，密丛型。须根系发达，根细长、交织；株高60～75cm，秆直立，光滑无毛；基生叶长10～40cm，秆生叶长10.7～21.3cm，叶片内卷或对折，呈丝状，微粗糙，稀有微毛，叶鞘开放，微粗糙，叶舌长0.4～0.5mm，具纤毛；圆锥花序紧密呈穗状，长9～15cm，花序每节具分枝1～2个，长4～8cm；小穗柄长0.2～1.0cm，穗节与小穗柄具短刺毛，小穗微带紫色，长7～13cm，含紧密排列的小花5～6枚，颖片披针形，平滑，先端渐尖，边缘膜质，第一颖窄披针形，具1脉，第二颖宽披针形，具3脉；外稃卵状披针形，长5.0～5.5mm，先端具短芒，长0.8～2.8mm，内稃近等长于外稃；颖果，披针形或舟形，内外稃与种子紧密结合，不易分离，长3.4～4.5cm，宽0.6～0.9mm，先端具芒，长1.8～3.9mm，芒直，密被短针状刺；去稃种子条形，浅褐色至黑褐色，腹沟深且明显。小穗成熟后易脱落。

在青藏高原海拔4 200m以下的高寒地区及西北、东北地区种植，适应性强，幼苗抗旱、耐寒性强，在土壤含水量5%、温度−7～−5℃的条件下正常生长，−30℃以下可安全越冬。在pH 7～8.5的栗钙土上种植，当年分蘖10～25个；翌年分蘖40～65个，最高可达90余个。饲草丰产性好，性能稳定，草地退化慢，利用年限长达7～8年。在海拔3 200m地区旱作条件下种植，18～24d出苗；翌年返青到分蘖10～16d；返青到开花84～90d；开花至成熟16～22d；全生育期102～108d。2龄至6龄人工草地开花期风干草产量3 200～4 800kg/hm^2，种子产量100～290kg/hm^2。

二、适宜区域

适宜在青海省海拔3 300m以下的地区进行种子和饲草生产，海拔3 300～4 200m地区进行人工草地建植、天然草地补播改良及生态环境治理。也可在宁夏、新疆、西藏、甘肃、四川、内蒙古、东北等地推广种植。

三、栽培技术

（一）播前准备

要求土壤疏松，肥力中等。施有机肥20～45t/hm^{2}或纯氮30.0～60.0kg/hm^{2}与纯磷45.0～75.0kg/hm^{2}配施作基肥；翻耕20～30cm，平整、耙糖、镇压，待播。

（二）播种技术

1.播期

播种时间根据土壤墒情和解冻时间而定。海拔2 000～

3 500m地区，5月上旬至7月上旬播种；海拔3 500m以上地区，6月上旬至下旬播种。

2. 播种方式及播量

条播，行距15～45cm，播量12.0～22.5kg/hm²；撒播，播量22.5～27.0kg/hm²。播深1.5～2.5cm。播后覆土，镇压。

（三）田间管理

1. 苗期管理

播种当年严防践踏和家畜采食，苗期至分蘖期用人工或化学药剂防治杂草，化学药剂可选用高效、低毒、无残留除草剂清除阔叶杂草。旱作，有条件地区冬灌，提高翌年越冬率。种子田还应经常中耕去杂除劣，以保证种子的质量和纯度。

2. 生长后期管理

生长第二年一般不追肥，从第三年开始，每年于拔节期追施尿素一次（施入纯氮21～35kg/hm²），可结合灌溉进行或下雨前后追施。

3. 补播

返青率在50%以下时需进行补播，根据种子发芽率、纯净度及田间出苗情况计算补播量，及时补播。

（四）病虫防控

该品种抗逆性强，病虫害极少发生。当病虫害发生时，应选用低毒、高效、无残留农药。锈病可用粉锈宁或15%的氟硅酸液喷雾；黑粉病用1%的福尔马林或5%的皂矾液浸种；蚜虫、黏虫等害虫用2.5%的溴氰菊酯乳油375g/hm²喷雾。

四、生产利用

1. 饲草利用

饲草田在抽穗期至盛花期刈割，青海环湖地区在开花期刈割1次，东部农区可刈割2次，第一次刈割高度40cm左右，留茬高度6cm，割后2～3d施尿素60kg/hm²。调制青干草在花期至乳熟期刈割，留茬高度为6cm，将刈割的青草就地薄层平铺晾晒，含水量17%以下时，可打捆、堆垛或粉碎成草粉利用。

2. 种子收获

种子易脱落，当70%～80%的种穗进入蜡熟时开始收获，在天气晴朗的傍晚收获，以减少籽粒脱落。收获后及时进行晾晒、清选、包装和贮藏，严防混杂。种子收割后的残茬地块叶片多，可作为牛、羊冬春季放牧地。

环湖寒生羊茅群体　　　　　　环湖寒生羊茅单株

环湖寒生羊茅根

环湖寒生羊茅茎

环湖寒生羊茅叶

环湖寒生羊茅花序

环湖寒生羊茅小穗

环湖寒生羊茅种子

环湖毛稃羊茅 //////////////////////////////////

环湖毛稃羊茅（*Festuca rubra* subsp. *arctica*（Hackel）Govoruchin 'Huanhu'）是青海省畜牧兽医科学院以1976年在环青海湖区发现毛稃羊茅优良野生株丛为材料，经多年栽培驯化选育而成的野生栽培品种，于2019年通过全国草品种审定委员会审定，登记号575。该品种具有分蘖旺盛，再生能力强，青绿期长，耐践踏，群落稳定性好，利用年限长的特点。多年多点比较试验证明，环湖毛稃羊茅较对照品种紫羊茅和克里斯塔尔硬羊茅平均干草产量增产40.4%以上，平均干草产量5t/hm²。

一、品种介绍

禾本科羊茅属多年生密丛型草本。须根系发达，具细弱根茎；株高60～85cm，秆疏丛生，较硬直或基部稍膝曲，平滑无毛；基生叶长5～40cm，秆生叶长2～8cm，宽2～4mm，叶片对折呈线形，平滑无毛或上面稀有微毛，叶鞘平滑；叶舌长0.8～1.0mm，平截，具纤毛；圆锥花序紧缩，花期稍开展，长9～12cm，每节分枝1～2枚，长1～3cm，粗糙，分枝具小穗4～5枚，小穗长6～10mm，褐紫色，成熟后褐黄色，含疏松排列的小花4～6枚，颖片卵状披针形，背上部粗糙，中脉粗糙或具短刺毛，顶端渐尖，边缘窄膜质或上部具纤毛，第一颖具1脉，长2.5～4.0mm，第二颖具3脉，长4.0～4.5mm，颖边缘具短毛，外稃长7～8mm，长圆形，背部密被长绒毛，具5脉，顶端具芒，内外稃近等长，内稃顶端具2齿，脊及边缘具纤毛，背部密生微毛；颖果披针形或舟形，长4.6～6.7mm，宽0.87～1.31mm，芒长1.38～3.98mm，较直，具短针状刺，去稃种子长条形，褐色至深褐色，具深木纹色纹理，腹沟较明显。小穗成熟后易脱落。

该品种在青藏高原高寒区海拔4 200m以下的高寒地区及西北、东北地区种植，适应性强，抗旱，耐寒，须根发达，具细弱根茎，土壤含水量4.8%、低温−7～−5℃幼苗能正常生长；耐−36℃低温。耐盐碱，适宜在pH7～8.4范围内生长。当年分蘖可达10～15个/株，翌年产草量、种子产量大幅度提高，分蘖数过百蘖，再生能力强，能形成草皮，耐践踏，绿草期长，种子成熟期集中，茎叶始终保持绿色。在海拔3 200m地区旱作条件下种植，第一年播种到出苗18～24d；翌年返青到分蘖12～18d；返青到开花84～88d；开花至成熟18～22d；全生育期106～112d。2～6龄人工草地开花期风干草产量3 300～5 000kg/hm²，种子产量130～330kg/hm²。

二、适宜区域

适宜在青藏高原海拔4 200m以下的高寒地区进行种子和饲草生产、生态治理及环境绿化；也可在宁夏、新疆、西藏、甘肃、四川、内蒙古、东北等地种植。

三、栽培技术

（一）播前准备

要求土壤疏松，肥力中等。施有机肥20～45t/hm²或纯氮30～60kg/hm^{2}与纯磷45～75kg/hm^{2}配施作基肥；翻耕深度20～30cm，平整、耙耱、镇压，待播。

（二）播种技术

1. 播期

播种时间根据土壤墒情和解冻时间而定。海拔2 000～3 500m地区，5月上旬至7月上旬播种；海拔3 500m以上地区，6月上旬至下旬播种。

2. 播种方式及播量

条播，行距15～45cm，播量12～18kg/hm^2；撒播，播量18～22.5kg/hm^2。播深2～3cm。播后覆土，镇压。

（三）田间管理

1. 苗期管理

播种当年严防践踏和家畜采食，苗期至分蘖期用人工或化学药剂防治杂草，化学药剂可选用高效、低毒、无残留除草剂清除阔叶杂草。旱作，有条件地区冬灌，提高翌年越冬率。种子田还应经常中耕去杂除劣，以保证种子的质量和纯度。

2. 生长后期管理

生长第二年一般不追肥，从第三年开始，每年于拔节期追施尿素一次（施入纯氮21～35kg/hm^2），可结合灌溉进行或雨前、雨中、雨后趁湿追施。种子田于开花期人工拔除本品种以外的其他植株。

3. 补播

返青率在50%以下时要进行补播。种子田补播量为6.0～7.5kg/hm^2，饲草田补播量为9.0～11.5kg/hm^2。

（四）病虫防控

该品种抗逆性强，病虫害极少发生。当病虫害发生时，应选用低毒、高效、无残留农药。锈病可用粉锈宁或15%的氟硅酸液喷雾；黑粉病用1%的福尔马林或5%的皂矾液浸种；蚜虫、黏虫等害虫用2.5%的溴氰菊酯乳油375g/hm²喷雾。

四、生产利用

1. 饲草利用

饲草田在抽穗期至盛花期刈割饲喂；花期至乳熟期刈割调制青干草，留茬高度为6cm，将刈割的青草就地薄层平铺晾晒，含水量17%以下时，可打捆、堆垛或粉碎成草粉利用。

2. 种子收获

该品种种子完熟后易脱落，当70%～80%的种穗进入蜡熟时开始收获，在天气晴朗的傍晚收获，以减少籽粒脱落。收获后及时进行晾晒、清选、包装和贮藏，严防混杂。种子收割后的残茬地块，可作为牛、羊冬春季放牧地。

环湖毛稃羊茅群体　　　　　　　　环湖毛稃羊茅单株

环湖毛稃羊茅单株

环湖毛稃羊茅叶

环湖毛稃羊茅花序

环湖毛稃羊茅小穗

环湖毛稃羊茅种子

速丹79高粱苏丹草杂交种 //////////////////////

速丹79高粱苏丹草杂交种（*Sorghum bicolor* × *S. sudanense* 'sordan 79'）是甜高粱和苏丹草杂交而成，该品种具有显著的丰产性，产量高、品质优。由邵阳市南方草业科学研究所从国外引进，2021年通过全国草品种审定委员会审定，登记号618。多年多点区域试验表明，速丹79高丹草（高粱苏丹草）较对照品种平均增产10%以上，平均干草产量17t/hm^2。

一、品种介绍

禾本科高粱属一年生植物。须根系，根深15～25cm；茎秆纤细，圆形，绿色，分蘖数5～8个，株高2.5～3m；叶互生，深绿，叶片长50～60cm，宽4～5cm，全株叶片10～13片，叶片中脉和茎秆呈褐色或淡褐色；疏散圆锥花序；种子棕褐色，扁圆形，千粒重30.2g左右。

该品种具有晚熟特性，草产量高，适口性好，每年可刈割3～4次，适合青贮、青饲；种子最低发芽温度为8～10℃，最适发芽温度20～30℃。抗旱、抗倒伏能力强，适应性广，对土壤要求不严。生育期150d左右。

二、适宜区域

适应能力强，在我国适合种植高粱、苏丹草的大部分地区均可推广种植，在华南、西南等区域表现优异。

三、栽培技术

（一）选地整地

对土地要求不严，大面积种植时应选择较开阔平整的地块，以便机械作业。

翻地和施基肥可同时进行。播前深耕除草，精细整地，耙平。施厩肥 2 500 ～ 3 000kg/hm² 或含量45%的复合肥 400 ～ 600kg/hm² 作基肥。

（二）播种技术

1. 种子处理

选籽粒饱满、无病虫的种子，播前晒种 1 ～ 2d，可提高种子发芽率。

2. 播种期

3月下旬至5月，土壤温度在10℃以上。过早播种会导致植株早期生长速度缓慢，降低植株密度。

3. 种植量和方式

播种量一般在 15 ～ 22.5kg/hm²。

根据土壤含水量不同，播种深度 2 ～ 4cm。一般采用穴播、条播，行距30cm。

（三）水肥管理

播种前施氮肥 90 ～ 135kg/hm²，磷肥22.5 ～ 75kg/hm²，钾肥45 ～ 90kg/hm²；第一次刈割后追施氮肥 60 ～ 90kg/hm²。旱季根据植物生长情况适时补灌，为能获得高产，在雨季通常结合施肥进行补灌。

（四）病虫杂草防控

雨水过多或土壤过湿对植株生长不利，易感染锈病，可用 0.2% ～ 0.3%的多菌灵溶液喷雾。害虫主要是蚜虫，如不及时防治会影响刈割后的再生。

可在翻地前先利用除草剂除草。出苗后根据密度要求进行间苗、定苗，每亩留苗3万～5万株。苗期注意中耕除草，当出现分蘖后，与杂草的竞争力会增强。

四、生产利用

株高120cm时刈割，饲草品质最佳。为保证再生速度，留茬高度15cm。用于饲喂牛羊等草食家畜，适合青饲、青贮和调制干草，可多次刈割，耐牧，也可作放牧利用。

高丹草幼苗含氢氰酸，植株高度低于50cm时，不要利用，以防家畜氢氰酸中毒；饲喂家畜时可备有充足的水，补盐和带有硫的矿物质来减轻氢氰酸的有害作用。在生产青贮饲草和干草的过程中，氢氰酸多数会挥发掉，一般不会引起家畜中毒。

速丹79高丹草第一次刈割主要营养成分表（以风干物计）

品种	水分（%）	粗蛋白（%）	粗脂肪（g/kg）	粗纤维（%）	中性洗涤纤维（%）	酸性洗涤纤维（%）	粗灰分（%）	钙（%）	磷（%）
速丹79	6.9	8.7	16.2	34.9	71.3	42.5	8.6	0.4	0.2

注：数据由农业农村部全国草业产品质量监督检验测试中心提供。

速丹 79 高丹草群体

速丹 79 高丹草单株

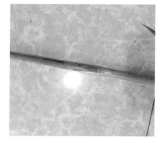

速丹 79 高丹草根

速丹 79 高丹草茎

速丹 79 高丹草叶

速丹 79 高丹草果穗

速丹 79 高丹草种子

曲丹8号苏丹草 //////////////////////////////////////

曲丹8号苏丹草（*Sorghum sudanense* (Piper) Stapf 'Trudan 8'）是邵阳市南方草业科学研究所从国外引进的苏丹草品种，2021年通过全国草品种审定委员会审定，登记号609。该品种具有显著的丰产性，多年多点区域试验表明，曲丹8号苏丹草较对照品种平均增产20%以上，平均干草产量15 963kg/hm²，最高年份干草产量25 247kg/hm²。

一、品种介绍

禾本科高粱属一年生草本植物，须根系较发达，根深20cm左右；茎秆纤细，呈直立圆柱状，株高2～3m，具有很强的分蘖力，分蘖数10～30个；叶片宽线形，叶长23.0～50.5cm，色深绿，表面光滑；叶鞘稍长，全包茎；圆锥花序，为两性花，能结实，结实小穗颖厚有光泽；颖果扁卵形，种子颜色呈黑色，千粒重20.16g左右。

该品种喜温暖湿润，再生能力很强，耐刈割，全年可刈割2～4次，适于青饲、青贮，也可直接放牧和调制干草，叶量丰富，茎叶比为1：0.45，耐贫瘠，耐旱，喜温暖，不耐寒，种子发芽最低温度8℃，最适温度为20～25℃；幼苗遇低于3℃的温度即受冻害或完全冻死，成株在低于12℃时生长变慢。适宜春季播种，生育期160d左右。

二、适宜区域

适合在我国夏季炎热、雨量中等的地区种植。抗旱性强，适应土壤范围广，我国大部分地区可种植。

三、栽培技术

（一）选地整地

该品种适应性较强，对土地要求不严，黏土、沙壤土、微酸和微碱性土壤均可栽培。大面积种植时应选择较开阔平整的地块，以便机械作业。

土地应深耕。可在播种前一年深翻耕，并施足底肥。一般施厩肥 1 500 ～ 2 250kg/hm²。在干旱地区和盐碱地带，为减少土壤水分蒸发和防止碱化，可进行条松，翌年早春及时耙地或直接开沟，于春末播种。

（二）播种技术

1. 种子处理

选籽粒饱满、无病虫的种子，播前晒种 1 ～ 2d，可提高种子发芽率。

2. 播种期

3 月中旬至 6 月中旬。土壤温度必须在 15 ～ 18℃或以上，过早播种会导致早期生长速度缓慢，还会降低植株密度。

3. 种植方式

播种量一般为 22.5 ～ 30.0kg/hm²。播种深度为 2 ～ 4cm，为了保证牧草高品质，播种方式尽量选择穴播或者条播，行距30cm，株距20cm。

（三）水肥管理

播种前施氮肥 90 ～ 135kg/hm²、磷肥 22.5 ～ 75kg/hm² 和

钾肥 45 ～ 90kg/hm^2，如果土壤中磷、钾含量过低可根据需要加大磷、钾肥施用量，每次刈割后追施氮肥 60 ～ 90kg/hm^2。耐旱，但在干旱季节及时灌溉，可显著提高产草量。

（四）病虫杂草防控

生长前期一般无病虫害发生，夏季7月、8月是霉烂病、锈斑病的易发期，需注意提前防治。耕地前先利用除草剂封闭土壤，播种后根据情况及时清除杂草，可通过人工防除或化学防治。

四、生产利用

曲丹8号苏丹草叶量丰富，茎秆纤细，营养价值高，再生速度快，能适应高频率刈割，是一种优异的夏季牧草。株高60 ～ 90cm时刈割，饲草品质最好。植株高度低于45cm时不可以刈割或放牧。为保证再生速度，留茬高度15cm。当收获的饲草萎蔫至含水量50% ～ 60%时，可置于青贮窖或水泥青贮设备中，当水分达到45% ～ 55%时，可做裹包青贮。为了保证青贮质量，切碎长度应为0.5cm左右。

该品种用于建设夏季高产人工草地，适于制作干草、半干青贮和放牧，即使在比较粗放的管理条件下，都能很好地适应高频率的刈割和集中放牧，该品种蛋白质含量和总消化能很高，能满足我国南方大部分地区的夏季牧草需求，适合于奶牛、肉牛和山羊等多种草食家畜利用，也可喂鱼。

曲丹8号苏丹草第一次刈割主要营养成分表（以风干物计）

品种	水分 (%)	粗蛋白 (%)	粗脂肪 (g/kg)	粗纤维 (%)	中性洗涤纤维 (%)	酸性洗涤纤维 (%)	粗灰分 (%)	钙 (%)	磷 (%)
曲丹8号	7.4	10.8	14.0	33.3	69.0	39.4	8.7	0.4	0.2

注：数据为农业农村部全国草业产品质量监督检验测试中心测定结果。

曲丹8号苏丹草群体　　　　曲丹8号苏丹草单株

曲丹8号苏丹草根　　　曲丹8号苏丹草茎　　　曲丹8号苏丹草叶

曲丹8号苏丹草果穗　　　　　　　曲丹8号苏丹草种子

图书在版编目（CIP）数据

草业良种良法配套手册. 2021 / 农业农村部畜牧兽医局，全国畜牧总站编. —北京：中国农业出版社，2023.5

ISBN 978-7-109-30700-1

Ⅰ.①草…　Ⅱ.①农…②全…　Ⅲ.①牧草—栽培技术—手册　Ⅳ.①S54-62

中国国家版本馆CIP数据核字（2023）第087927号

中国农业出版社出版

地址：北京市朝阳区麦子店街18号楼

邮编：100125

责任编辑：司雪飞

责任校对：吴丽婷

印刷：中农印务有限公司

版次：2023年5月第1版

印次：2023年5月北京第1次印刷

发行：新华书店北京发行所

开本：850mm×1168mm　1/32

印张：4

字数：95千字

定价：58.00元
